AF494751

qui fait ... 930 ...

Ladite Cube revient donc pour

main d'œuvre à   50" 2" 4"8

22" 1"7" aûs de maçonnerie en ...

employée de chaux et sable faite pour

La Construction desdites Cheminées

à 10h" 10" 8" Ladite pour

fourniture et main d'œuvre fait la

somme de   2327" 7" 6"8

Total ‒ 19519" " 2"

pour fait la journe
de — — — — 2847 # 4 }

Le toise revient par main d'oeuvre a — — — 60 # 14 "

(Detail du toise Cube

une toise Cube demoilou — 30 # 10 " "
12 pied Cube de Cheaux
vive — — — 12 " " "
48 pied cube de sable — 2 # 8 " "
Main d'oeuvre — — — 60 # 14 " "
                                    105 # 12 " "
Xl. de Benefice — — — 40 # 11 — 2

Lutal 146 # 2 — 2 d

EXPÉRIENCES

ET

RÉFLEXIONS

RELATIVES A L'ANALYSE

DU BLED ET DES FARINES;

Par M. PARMENTIER, Penfionnaire du Roi ,
Maître en Pharmacie , de l'Académie Royale des
Sciences , Belles-Lettres & Arts de Rouen ; ancien
Apothicaire - Major de l'Armée Saxonne & de
l'Hôtel Royal des Invalides.

A PARIS,

Chez { NYON l'aîné, Libraire , rue du Jardinet,
quartier S. André-des-Arcs.
BARROIS l'aîné, Libraire, quai des Auguftins.

M. DCC. LXXXI.

AVERTISSEMENT.

Plusieurs Personnes diftinguées dans les Sciences & les Lettres , bien inf-truites des procédés qu'a tenu envers moi M. Sage , Apothicaire des Ecuries de Monsieur , des Académies Royales des Sciences de Paris , de Stockolm , & des Académies Impériale & Electorale de Mayence, ont trouvé extraordinaire que je fuffe un mois à publier une Réponfe , qui, fuivant elles , ne devoit contenir que des faits déja imprimés ou confignés dans des manufcrits. J'avoue que , fans une circonftance inattendue , je n'aurois cer-tainement pas mis ce délai à produire un écrit qui intéreffe ma réputation. Je ne puis par conféquent laiffer ignorer le motif de mon retard.

Appellé dans ma Province , auprès de ma mere dangereufement malade , je quittai tout pour voler à fon fecours, per-fuadé que j'arriverois affez à temps pour l'embraffer encore. Vaine efpérance! la mort m'avoit précédé , & l'arrêt fatal étoit déja prononcé. On ne fçauroit refufer des regrets aux auteurs de son existence ; mais ces regrets sont proportionnés & à la valeur de l'objet qui les excite, & à la sensibilité du cœur qui les éprouve.

Mere adorée & confidente de ses enfans, uniquement occupée du bonheur de sa famille ; gaie par caractere & bonne par sentiment ; l'œil & la main toujours prêts à secourir l'infortuné ; réunissant tous les suffrages & n'en briguant aucun, accoutumée de bonne heure aux vicissitudes de la vie, sans être devenue pour cela indifférente aux malheurs d'autrui ; écrivant avec cette tendresse, ce goût, cet enjouement & cette naïveté si convenables au genre épistolaire, & que l'on trouve dans les Lettres de Madame de Sévigné, adressées à la Marquise de Grignan sa fille : voilà ce que je viens de perdre ; voilà ce qui pouvoit seul suspendre ma plume.

Je prie le Lecteur de pardonner ce court éloge de ma mere ; il est mon excuse, il soulage mon ame encore navrée. Heureux les parens qui sont assurés, pendant qu'ils vivent, que leur mort fera repandre des larmes aussi sinceres à ceux auxquels ils ont donné le jour !

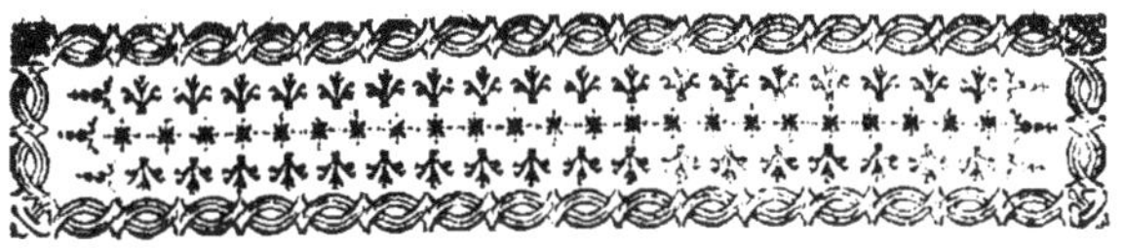

EXPERIENCES

ET

RÉFLEXIONS

Relatives à l'Analyse du Bled & des Farines.

JAMAIS les Savans n'ont été plus dignes de l'estime & de la reconnoissance du genre humain, que depuis qu'ils ont consacré leurs talens & leurs veilles à l'étude des objets réellement utiles. *Beccari*, par exemple, a fait obtenir à la Chymie un degré de considération de plus, en appliquant les principes de cette science à l'examen du premier de nos alimens. Ce Médecin célebre découvrit en 1742 dans la farine du froment, deux substances dont il chercha à établir les caracteres principaux dans un Mémoire fort étendu, qu'il communiqua ensuite à l'Institut de Bologne. Dix-sept ans après, M. *Kesselmeyer*, animé du même zele, confirma par de nouvelles expé-

A

riences la découverte de *Beccari* , qui à cette époque se répandit en Europe , & devint le sujet de plusieurs Theses soutenues dans les plus fameuses Universités, par des hommes de mérite. Alors les Ouvrages périodiques commencerent à en faire mention , & les Chymistes de toutes les nations s'empresserent de la faire connoître dans leurs Ecrits, ou dans les enseignemens publics & particuliers.

L'Académie de Besançon, jalouse de concourir par ses lumieres & par ses travaux au bonheur de la Franche-Comté, voulut savoir quels seroient les végétaux qui, en cas de disette, pourroient remplacer ceux qui servent ordinairement à la nourriture ; elle proposa en conséquence une question analogue à cette matiere : je la traitai, & le succès passa mes espérances. Encouragé par cette Compagnie distinguée, je publiai en 1772 le Mémoire auquel elle avoit accordé le Prix, & ce que je n'avois fait qu'indiquer , je le développai dans un Ouvrage économique , destiné à rassurer les alarmes de deux provinces qui accusoient les pommes de terre d'occasionner des maladies épidémiques. J'eus occasion, en 1774, de donner encore plus d'extension à ce que j'avois dit, & j'en profitai dans les additions & les observations qui accompagnent les Récréations Chymiques de *Model.*

Persuadé depuis long-tems par ma propre expérience, & d'après ce qui s'est passé sous mes yeux à la guerre, que la subftance corticale ou ligneuse de tous vegétaux, n'avoit pas été destinée, dans l'ordre de la nature, à faire partie de nos alimens & que particulièrement celle des grains ne pouvoit pas entrer en totalité dans la compofition du pain, sans quelques inconvéniens; j'entrepris une suite d'expériences, pour mettre cette vérité dans le plus grand dégré d'évidence, & comme elle me paroissoit intéresser spécialement une classe d'hommes respectables, avec laquelle je vis dès mon enfance, je crus remplir le devoir de Patriote, en préfentant le résultat de mon travail à M. le Maréchal du Muy. La lettre flatteuse que ce Ministre daigna m'écrire à ce sujet, dans laquelle il difoit entre autres : » Ce Mémoire paroît » rédigé dans des vues qui ne peuvent » que faire honneur à l'humanité & au » zele de celui qui a pris à tâche d'ap-

» profondir cette matiere ; » les chofes obligeantes, en outre, qu'il eut la bonté de me dire à une de fes Audiences, fembloient m'autorifer à continuer mes recherches. Elles donnerent lieu à de nouvelles expériences qui confirmoient de plus en plus mon opinion ; j'en formai auffi-tôt un Supplément que j'eus l'honneur d'envoyer à M. le Comte de St. Germain, au moment précifément où fes talens & fes vertus venoient de l'élever au Miniftere. L'objet de mon travail ayant quelque rapport avec l'humanité entiere, je le préfentai également à M. Turgot, ce Miniftre dont le coup-d'œil & le patriotifme font connus, m'adreffa à ce fujet les obfervations les plus judicieufes, en me mandant qu'il venoit de renvoyer mon Mémoire à l'Académie Royale des Scienes, pour l'examiner.

Quelle eft aujourd'hui ma furprife ! On répand dans le public, avec profufion, une Brochure intitulée *Analyfe des bleds, &c &c.*, dans laquelle on fe borne à énoncer le titre de mon Ouvrage pour en déprimer le contenu & prodiguer des éloges à celui que l'on annonce être deftiné à me réfuter. Cependant, quoique l'Auteur ne difcute rien de ce que mon ouvrage renferme, qu'il ne détruife pas une feule de mes expériences, qu'il n'apporte aucune obfervation capable d'infirmer celles que j'ai recueillies ; enfin, qu'il n'ajoute pas le moindre fait en faveur, ou contre la multitude de ceux dont j'ai donné le détail, il ne met pas moins par fon rapport dans le cas de prononcer que le Mémoire qu'il a été chargé d'examiner, ne contient que des expériences & des obfervations prétendues, qu'elles ne font nullement concluantes, & ne préfentent qu'une affertion dénuée de toutes preuves. Qui croiroit, après cela, que cet ouvrage, annoncé fous des titres fi défavantageux, ferviroit de canevas à l'Auteur qui le condamne, & que la plupart de mes travaux deviendroit fon domaine & fon bien ?

En n'écoutant que le reffentiment qu'infpire une pareille conduite, je pourrois peut-être employer des expreffions peu ménagées. Mais la mémoire du Miniftre qui avoit accueilli mon travail,

A 3

les bontés dont m'honore son illustre Succusseur, l'honneur qu'a M. Sage d'appartenir à une Compagnie sçavante, que je respecte, feront toujours pour moi des motifs de retenue. Or, s'il ne s'agissoit que de réclamer ce qui m'appartient dans le Mémoire que je me propose d'examiner; s'il n'étoit question que de me plaindre de manque d'égards & de procédés, je ne prendrois pas la peine de répondre : mais je ne puis me dispenser, en montrant la vérité de ce que j'avance, de relever des erreurs d'autant plus essentielles à détruire, qu'elles peuvent nuire à mes semblables.

La nécessité dans laquelle je suis d'indiquer les sources où l'Auteur de l'Analyse a puisé, me forcera de parler souvent, non-seulement des divers écrits que j'ai publiés, mais encore de ceux qui ne sont que manuscrits. Pour que ces derniers acquierent la notoriété des Ouvrages imprimés, j'ai eu la précaution de demander aux Commissaires que l'Académie a nommés pour les examiner, de vouloir bien vérifier

fi les différens morceaux que j'en ai extraits, & que j'ai cités dans la préfente
differtation , fe trouvoient conformes
aux originaux.

Dans la vue de dédommager le Lecteur de l'ennui faftidieux qu'infpirent
ordinairement ces fortes de difcuffions,
j'ai ajouté quelques éclairciffemens &
de nouvelles expérienees. Il ne me refte
plus qu'à le prier de pardonner à la circonftance, l'efpece d'Égoïfme que je fuis
obligé d'employer: en prenant la peine
de parcourir ce que j'ai donné au public,
il fera aifé de fe convaincre que ce
ton & cette maniere de parler , font autant éloignés de mon goût que de mon
caractere ; jamais mon refpect pour les
vrais Savans , ne s'eft démenti , & lorfqu'il m'eft arrivé de difcuter leurs opi-
nions, la juftice , la décence ont toujours
réglé ma conduite & mes expreffions.

DU BLED.

Les Chymiftes ont appellé & diftingué
long - tems la fubftance farineufe du
bled & des autres graminés , diffoute &
extraite par le moyen de l'eau & du feu,
fous cette dénomination, *le corps mu-*

queux ; mais depuis le travail de *Beccari,* on s'eſt apperçu que cette dénomination ne caractériſoit pas aſſez les différens principes contenus dans le froment, puiſque la matiere glutineuſe qui eſt une des parties conſtituantes de ce grain, poſ-ſede des propriétés abſolument diſtinc-tes de l'amidon, & que, d'après les ex-périences nombreuſes faites à ce ſujet, il a été démontré que l'amidon lui-même n'étoit pas le corps muqueux propre-ment dit, en le ſéparant de la matiere ſucrée avec laquelle il n'a que des rap-ports éloignés ; en ſorte que mainte-nant il eſt poſſible de définir le bled, un aſſemblage de glutineux, de muqueux, de gélatineux & de ſubſtance fibreuſe ou ligneuſe ; definition que M. Sage a adop-tée dans ſon Analyſe des bleds, pag. 1, & qu'il a trouvée dans le *Mémoire ſur l'amélioration du pain,* où je dis, pag. 45 : » Il ne faut pas oublier que le fro-
» ment, loin d'être un corps ſimple
» comme on le prétendoit autrefois, eſt
» compoſé de quatre parties diſtinctes,
» ayant chacune des effets particuliers ;
» l'amidon en eſt la partie la plus nutri-
» tive, enſuite le muqueux ſucré, puis
» la matiere glutineuſe, & enfin le ſon

» qui, comme nous l'avons dit, & prou-
» vé, ne posséde réellement cette pro-
» priété qu'en raison de la farine qu'il
» contient encore. »

M. Sage s'est-il imaginé qu'en divi-
sant le muqueux sucré, en matiere sucrée & en matiere extractive, il pourroit
se dérober au juste reproche que je lui
ferois ? Effectivement cette petite ruse
auroit réussi, si par malheur il ne l'avoit
pas employée trop souvent pour le
même but & avec la même intention.

La définition que j'ai donnée du froment, seroit vague & stérile, si je n'avois
cherché à l'établir sur des faits : je me
suis donc assuré de la place que chacune de ces parties occupoit dans le
grain, après cela je les ai séparées par
l'analyse à froid , c'est-à-dire , au
moyen de l'eau & du travail de l'Amidonnier, afin de déterminer leur proportion
respective, &, pour présenter le complé-
ment de la démonstration, je les ai réunies
ensemble, & j'en ai formé une pâte dans
laquelle j'ai introduit la dose de levain
nécessaire à la fermentation , & il en
est resulté un pain comparable en quelque sorte avec un autre pain fait tout
simplement avec la farine ordinaire.

Je donnerai bientôr tous ces détails, parce qu'ils peuvent fervir à éclairer les opérations du Meûnier & du Boulanger.

Lorfqu'on prononce fur la nature & fur les propriétés des corps, il faudroit préalablement les avoir examinés, du moins autant que cela eft poffible, par les deux voies que la chymie nous ouvre, l'analyfe & la fynthefe. Cette méthode, quoique la plus fûre pour ne pas errer, n'eft cependant pas celle de beaucoup de gens à fyftêmes qui, dans leurs recherches, font moins occupés à découvrir la vérité, qu'aux moyens de préfenter toujours leur objet favori.

Le bled eft, comme toutes les autres plantes, fufceptible de s'altérer fur pied: un défaut de conftitution, les viciffitudes de l'atmofphere, la fituation & la nature du fol, l'abondance & la qualité des engrais, les foins des cultivateurs, font autant de caufes qui y contribuent; mais, pour dire quelque chofe de raifonable à ce fujet, il faut avoir fuivi les progrès de la végétation à la campagne: ce n'eft que là où l'on peut étudier la nature à fon aife. Vraifemblablement M. Sage n'eft pas forti de la Capitale, car il femble étonné de tout:

tout ce qu'il n'a pas vu lui paroît fin-
gulier & admirable ; il n'y a rien qui ne
foit ingénieux à fes yeux jufqu'au moyen
de vanner le bled à la pelle, pour en
féparer l'ivraie: moyen connu des païfans
les plus grofliers , & pratiqué de temps
immémorial dans tous les pays: encore fi
l'explication que lui-même en donne,
étoit ingénieufe ; mais il ne fçait pas
en difant , page 4, *le bled étant plus
pefant que l'ivraie , va plus loin , &
l'ivraie tombe en chemin* , qu'il y a dans
certaines contrées de l'ivraie aufli pe-
fante que le bled, & que ce grain ne refte
en arriere que parce qu'il préfente plus
de furface , & que fa longue queue offre
une efpece d'aile à l'air qui l'arrête &
le retient ; que c'eft encore cette queue
qui met en défaut les cribles propofés
pour cette fépération.

Sans vouloir examiner ici les différens fentimens des Botaniftes, fur l'origine & les propriétés de l'ivraie, je ferai feulement obferver ici que cette
efpece de gramen eft redoutable, fuivant
l'opinion des habitans du pays où il croît.
Il y a des cantons , par exemple , où
l'on fuit les préceptes de l'Evangile ; on
arrache l'ivraie avant de couper les

bleds ; Il y en a d'autres au contraire où l'on emploie le van & le crible pour la féparer des bons grains avec lefquels elle fe trouve mêlés ; enfin , quelques-uns ne fe donnent pas cette peine & ils n'en éprouvent aucun mauvais effet, fur-tout quand l'ivraie n'eft pas encore trop abondant.

L'ivraie, ainfi que tous les graminés, fans en excepter le bled , font capables d'occafionner des défordres dans l'économie animale , fi on les mange trop nouveaux , avant qu'ils aient reffuyé & acquis leur perfection dans le grenier. La plupart des végétaux font dans ce cas ; ils contiennent un principe volatil , un gas enfin, nuifible en raifon de la fubftance ; dont il prévient : le tems où l'exficcation fuffit pour le lui enlever : auffi on ne fçauroit trop inviter les Cultivateurs que la néceffité contraint à faire fervir à leur nourriture les grains qui viennent d'être récoltés, de les expofer au foleil ou au four, & lorfque, faute de tems & de moyens, ils ne peuvent employer cette précaution, nous répéterons ici ce qu'a dit un bon citoyen; »Il feroit à fouhaiter que les » riches propriétaires exerçaffent la cha-

» rité envers eux fans leur rien donner,
» en changeant fimplement les grains
» nouveaux contre de vieux grains, me-
» fure pour mefure, boiffeau pour boif-
» feau. »

Il eft bien vrai que l'ivraie poffede à
un plus haut degré cette propriété mal-
faifante, qu'ont les grains dans leur ver-
deur; mais je fuis certain que la chaleur du four ou de l'étuve eft en état
de la détruire : c'eft fans doute de l'ivraie
nouvelle dont les Anciens ont voulu
parler en défignant fes propriétés. La
note que donne à ce fujet M. Sage,
page 4, ainfi que le paffage d'Ovide,
font extraits des Récréations chymiques
de Model, page 392. 2 vol. A cette occafion, je crois devoir avertir, pour n'y plus
revenir, que toutes les citations qui
peuvent avoir une apparence d'érudition
dans le Mémoire de M. Sage, font co-
piées, mot pour mot, fur des ouvrages
très-modernes où il les a rencontrées.

DES MALADIES DU BLED.

Il fut un tems, où, malgré les foins &
les travaux des Cultivateurs, on ne re-

tiroit pas de la plus abondante récolte toutes les reſſources qu'on avoit droit d'en attendre; les grains étoient plus ſouvent aſſujettis aux différentes maladies qui les affectent dès leur développement, parce qu'on ignoroit l'art de diſpoſer la terre & de préparer les ſemences. Dans le nombre des Savans qui ſe ſont livrés à ces recherches intéreſſantes, on peut dire que M. Tillet eſt celui qui a eu plus de ſuccès, & que ſes ouvrages ont été la ſource de tous les développemens importans qu'on a vus dans ce genre. Ce célebre Académicien, après avoir diſcuté les ſentimens des Auteurs, ſur la cauſe de la corruption des grains, réduit les maladies du bled à trois principales : ſavoir, les bleds avortés, les bleds charbonnés, & les bleds, cariés : il en a décrit les ſymôtomes d'une maniere à les faire diſtinguer par le payſan le moins éclairé : ces détails ſont conſignés dans une Diſſertation ſur la cauſe de la corruption des grains, que l'Académie de Bordeaux couronna en 1753, & l'on peut aſſurer, ſans crainte d'être contredit, que le jugement de cette Compagnie diſtinguée a eu l'applaudiſſement général : il ſeroit

bien à defirer fans doute que les Socié-
tés Littéraires propofaffent toujours des
fujets auffi intéreffans, & qu'elles ne dé-
cernaffent leur Prix qu'à des Ouvrages
traités avec autant de profondeur &
de fagacité.

Puifque Monfieur Sage vouloit dire
fon mot fur la maladie des bleds, il
auroit bien du lire plus attentivement
qu'il n'a fait les différens Mémoires que
M. Tillet a publiés fur cette matiere intéreffante ; aucun vrai Sçavant ne doit
rougir d'être le Difciple d'un fi grand
Maître ; il n'auroit pas confondu la carie des bleds avec le charbon, qui font
deux maladies bien diftinctes entre
elles ; il n'auroit pas dit, pag. 2, *dans la
maladie du bled, qu'on connoît fous le
nom de carie, la matiere glutineufe
a paffé à la putréfaction, & la farine eft
totalement décompofée*; il auroit vu que
les grains font déja noirs & corrompus,
avant d'être entierement formés, &
qu'il eft poffible de diftinguer dès le
mois de Février & de Mars la plante
du bled qui fera carié. Ecoutons d'ailleurs M. Tillet qui a fuivi les divers ac-
croiffemens des grains, & qui nous a fourni tant de lumieres fur l'origine de leurs

maladies & fur les remedes qu'on doit y apporter: voici comme il s'exprime dans le *Précis des expériences faites par ordre du Roi, à Trianon , pag.* 10 : » on » commence à diftinguer avant la fin de » la floraifon, les épis frappés de cette » maladie. Tant qu'ils font renfermés » dans leur fourreau, même lorfqu'ils » font totalement au jour, on ne fupçon- » neroit aucun vice dans la plante ; la tige » eft droite & élevée, les feuilles font com- » munément fans défaut ; mais les bleds » fleuriffent-ils, les épis cariés fe font re- » connoître à une couleur bleuâtre ; les » balles qui enveloppent les grains font » plus ou moins tachées de petits points » blancs ; le grain lui-même plus gros » qu'il ne devoit être naturellement, eft » d'un verd très foncé ; les trois éta- » mines moins hautes que lui , & col- » lées à fes côtés, font languiffantes & » comme flétries : fi on écrafe ce grain » carié , on le trouve rempli d'une ma- » tiere graffe, noirâtre, & d'où il s'exhale » une deur fétide, fur-tout lorfqu'on » l'écrafe entierement ».

On voit donc, d'après ce paffage qui peint la maladie, que le dérangement des parties organiques de la plante eft

décidé,

décidé, avant que l'on puiffe faifir ce qui peut l'avoir occafionné. Mais en fuppofant, contre l'expérience & l'obfervation, que cette altération & ce dérangement n'arrivent qu'après que les parties conftituantes du grain ont acquis toute leur perfection & leur maturité. En fuppofant que la matiere glutineufe fût la caufe de la carie, comme l'infinue M. Sage, pourquoi cette maladie fe manifefte-t-elle dans l'ivraie avec les fignes extérieurs que M. Tillet a fait remarquer dans le froment? dépériffement infenfible dans les étamines, couleur jaune dans les fommités, défaut de floraifon, groffeur extraordinaire du grain naiffant, nuance de verd lorfqu'il commence à fe corrompre, odeur fétide quand on l'écrafe ; tout y annonce la maladie formidable du froment; l'ivraie ne contient cependant pas de matiere glutineufe. Pourquoi les bleds de Mars font-ils plus fujets à la carie que les bleds d'hiver, quoiqu'ils foient moins glutineux ? pourquoi le feigle, l'orge & l'avoine, qui ont, *à ce qu'on prétend*, de la matiere glutineufe, ne font-ils pas également la proie de cette maladie? pourquoi enfin la paille,

B

qui, fuivant l'examen réfléchi que dit
en avoir fait M. Sage, ne paroît pas
offrir de traces de matiere glutineufe,
contient-elle, pour avoir porté des épis
cariés, quelque chofe de peftilentiel
pour le grain qui s'en approche, & fur
laquelle il germe ? Mais en attendant
qu'il veuille bien nous expliquer tous
ces phénomenes, qu'il auroit dû voir à
la campagne, il nous permettra de le
prier, puifqu'il a deffein de s'occuper
des maladies du bled, d'examiner fi la
poufliere contenue dans les grains de
froment cariés, feroit une multitude
innombrable d'œufs produits par des in-
fectes, ainfi que l'a foupçonné un Sçavant ; & d'ajouter, s'il fe peut, quelques
expériences à celles que M. Tillet a faites
à ce fujet, pour détruire ce foupçon.
Il conviendroit enfuite de faire en forte
de connoître, par la voie de l'analyfe,
la nature de cette poufliere contagieufe,
& quelle efpece de combinaifon il en
réfulte, avec les leffives falines que M.
Tillet a employées avec tant de fuccès, pour empêcher qu'elle ne propage
fon virus épidémique. Ce feroit au
moins, en fe montrant Chymifte, faire
quelque chofe d'utile, plutôt que de

revenir obscurcir, par des idées sans preuves, une matiere que M. Tillet n'est parvenu à débrouiller qu'à force d'expériences, de recherches, de soins, de patience, de sollicitudes & d'observations.

Les maladies du seigle ne sont pas mieux connues de M. Sage, que celles du bled. Le peu qu'il dit sur l'ergot, est extrait des Mémoires de M. Tillet & des *Récréations chymiques de Model. Voyez* vol. II, pag. 347. Il ne cite pas ce dernier ; néanmoins il adopte ses définitions sur l'ergot, & donne à cette excroissance la même origine. Comme lui, il dit que l'ergot ne leve pas, qu'il manque de parties corticales, que la substance glutineuse n'y existe plus, & que c'est ce qui fait qu'il ne fournit pas d'alkali volatil à la cornuë. Je suis fâché que Model, observateur exact & scrupuleux, ait induit ici en erreur M. Sage: car j'ai soumis plusieurs fois de l'ergot à l'analyse à feu nud, & j'en ai toujours obtenu de l'alkali volatil. M. *Read* assure la même chose dans sa Dissertation sur le seigle ergoté. Quand M. Sage aura la curiosité de vérifier ce fait, j'ai chez moi bonne provifion d'ergot à fon fer-vice.

La queftion la plus intéreffante , fur laquelle M. Sage ne dit pas un mot , & qui me paroiffoit cependant bien digne de fixer fon attention , c'étoit de faire de nouvelles tentatives pour fçavoir fi l'on eft fondé à regarder l'ergot comme un poifon terrible, & fi les bons culti-vateurs doivent continuer à être alarmés quand ils apperçoivent ce grain dans leurs champs. Je crois avoir démontré fans réplique que l'opinion de Model & de Schlegel doit prévaloir, & qu'il ne faut plus regarder l'ergot comme dan-gereux. Je publierai inceffamment d'au-tres expériences, qui confirment ce que j'ai déja prouvé à ce fujet.

SUR LA CAUSE DE L'ALTÉRATION DU BLED.

LORSQUE je donnai, en 1773, l'ana-lyfe du bled , je ne prévoyois guère que la plupart des expériences qui s'y trouvent contenues, acquerroient, en 1776 , le vernis de la nouveauté , fous le pinceau de M. Sage; & que, quatre an-nées après leur publicité, il les annon-

ceroit, dans un ouvrage fur le même fujet, avec une importance que ni les Auteurs eftimables d'après lefquels j'ai parlé,
ni moi ne leur avions pas accordée dans
l'origine. En feroit-il donc de certains
Phyficiens, comme de ces Marchands
qui, ayant laiffé vieillir & oublier quelques modes imaginées par leurs confreres, les font reparoître, après quelques
années, avec de légers changemens, &
s'en difent les inventeurs ?

M. Sage s'eft plaint hautement de ce
qu'il n'avoit pas été cité dans une expérience faite fur un bled fufpect, & à la
fuite de laquelle on a employé le moyen
de retirer la matiere glutineufe de ce
grain fufpect, en formant, comme nous
l'a appris Beccari, une pâte avec de
l'eau, que l'on dépouille peu-à-peu de
l'amidon & du muqueux fucré, à la faveur des lotions répétées. Voici le fait.

M. l'Abbé Bruxelles fe flattant de
pouvoir rétablir du bled qui avoit contracté une odeur & un goût défagréables, que M. Tillet regardoit avec raifon
comme vicié intrinféquement, par le
mauvais état & le peu de diffolution des
levains qu'il en avoit tirés ; M. l'Abbé
Bruxelles, dis-je, fut autorifé à faire fur

ce bled les expériences qu'il avoit pro-
posées. J'étois un des Commissaires qui
furent nommés pour suivre ses opérations , & pour constater, par un rapport
détaillé, les effets des lotions prélimi-
naires & des lessives auxquelles il sou-
mit ce grain suspect. M. Tillet ne fut appellé à ces expériences, qu'après qu'elles
furent presque toutes consommées , &
au moment où il s'agissoit de juger de
la qualité du pain qui étoit résulté de la
farine provenue du bled suspect , mais
préparée à la maniere de M. l'Abbé
Bruxelles. J'eus l'honneur de voir cet
Académicien, avant qu'il se rendît au
Gros-Caillou, où ces expériences se
faisoient : il me dît qu'il avoit été témoin, pour la premiere fois, dans le
laboratoire de M. Sage , du moyen par
lequel on extrait , à la faveur des lotions , la matiere glutineuse d'un mor-
ceau de pâte qu'on a long-temps malaxé; que ce moyen lui paroissoit dé-
cisif pour reconnoître si la lessive dont
s'étoit servi M. l'Abbé Bruxelles, avoit
produit, ou non, un effet avantageux
sur le bled suspect, parce qu'il s'étoit
assuré chez M. Sage, que la farine de ce
même bled n'avoit presque point donné

de matiere glutineuſe, & que ce n'étoit
que par le meilleur état de cette partie
eſſentielle du grain, dans le bled ſoumis
aux expériences dont il s'agiſſoit, qu'on
pouvoit rendre un témoignage favo-
rable au procédé que M. l'Abbé Bruxelles avoit employé. Je répondis à M.
Tillet que ce moyen me paroiſſoit très-
bon pour juger de l'influence que la
leſſive avoit eue ſur le bled que nous
examinions ; que je le connoiſſois depuis long tem s ; qu'il m'avoit ſervi cent
fois à juger de la bonté, de la médiocri-
té, ou de l'altération des bleds, par la
quantité & l'état de la matiere glutineuſe
qu'ils contenoient J'ajoutai même à M.
Tillet que mon intention avoit été d'employer ce moyen dans l'examen dont
nous étions chargés, parce que je le re-
gardois moi - même comme concluant
pour apprécier le mérite de la préparation du bled qui avoit été faite ſous nos
yeux. Je ne laiſſai pas même ignorer à
cet Académicien, dans cette circonſtance, que la maniere d'extraire de la pâte
la matiere glutineuſe, ſe trouvoit indiquée dans le ſecond volume des Récréations chymiques de Model, bien
auparavant que M. Sage eût ſongé à ſe

croire l'inventeur de cette méthode. Je lui communiquai cet ouvrage, afin qu'il y lût la note hiſtorique & chronologique des travaux qui avoient paru ſur cet objet : en un mot, je donnai à M. Tillet des preuves poſitives que l'expérience dont il avoit été témoin dans le laboratoire de M. Sage, m'étoit parfaitement connue, & qu'en la rapportant, dans ma traduction, j'étois remonté juſqu'à Beccari, pour en marquer l'origine. J'avois cité les Médecins & les Chymiſtes qui l'ont perfectionnée, loin de montrer la moindre prétention à cet égard.

Les plaintes de M. Sage roulent ſur ce que, dans le rapport qui a été fait des préparations données au bled ſuſpect par M. l'Abbé Bruxelles, & du réſultat de ſes opérations, on n'y a pas inféré que l'expérience ſur la matiere glutineuſe, que propoſa M. Tillet, avoit été faite dans le laboratoire de M. Sage ; que le premier de ces Académiciens la tenoit de lui, & qu'il auroit dû lui en faire l'honneur.

D'abord, il eſt conſtant, par la maniere dont M. Tillet m'en parla avant qu'on y procédât, qu'il n'y avoit aucune prétention, & qu'il n'avoit pas lieu

d'imaginer qu'elle deviendroit la matiere d'une difcuffion férieufe. Ainfi,
quant à ce qui le regarde perfonnelle-
ment, tout reproche feroit injufte. Il a
demandé l'emploi d'un moyen connu,
pour conftater un fait effentiel ; & il l'a
demandé fans croire qu'il fût néceffaire
de citer l'Auteur qui l'avoit découvert,
ou celui qui l'avoit perfectionné. Cette
conduite de fa part, loin de bleffer M.
Sage, auroit dû lui paroître bien me-
furée, puifque s'il eût été queftion dans
ce moment de nommer l'Auteur auquel
on eft redevable du moyen fimple & ingénieux de retirer de la pâte la matiere
glutineufe, on feroit remonté à un temps
où certainement M. Sage ne s'occupoit
pas de cet objet, puifqu'il veut en ignorer les preuves authentiques dans une
époque où tous les Sçavans les connoiffent.

Mais après les éclairciffemens dans
lefquels j'étois entré avec M. Tillet,
pour lui prouver que depuis long-temps
je connoiffois & j'avois publié, par la
voie de l'impreffion, la méthode d'extraire la matiere glutineufe ; après lui
avoir mis fous les yeux les endroits de
mon ouvrage où il s'agit de cette mé-

thode, fon équité & fa jufte délicateffe
l'auroient porté fans doute, s'il y avoit
eu quelqu'un à citer dans le rapport que
nous fîmes, & que je fus chargé de ré-
diger, à me propofer de faire mention
de ces mêmes endroits de mon ouvrage,
quoique je n'y aie été, pour ainfi dire,
que le canal fimple d'une découverte,
& que je me fois fait un devoir de l'attribuer à l'Auteur auquel nous en fommes redevables, en rendant juftice d'ailleurs à celui qui l'a perfectionnée. Des
vues de prudence, je le fçais, & des
égards en particulier pour les preuves
que je lui avois fournies de la connoiffance du procédé dont il s'agit, l'ont
empêché de demander qu'il fût queftion de M. Sage, dans le rapport que
nous avons fait ; & d'un autre côté,
des ménagemens pour cet Académicien, l'ont dû empêcher de demander qu'on citât les auteurs de ce même
procédé.

On voit jufqu'ici que M. Sage n'a
aucun fujet légitime de fe plaindre ; &
que le filence que l'on a gardé à fon
égard, dans le rapport où il prétend
qu'on auroit dû faire mention de fon
expérience, loin de lui être défavora-

ble , conferve à l'auteur de la découverte fes juftes droits ; & fans bleffer perfonne , laiffe le champ libre aux difcuffions, qu'elle pourroit occafionner. Je prouverai bientôt que j'ai reconnu avant M. Sage l'altération de la matiere glutineufe , comme une des caufes principales de la mauvaife qualité des bleds & des farines. Je me borne maintenant à faire fentir, au plus préoccupé , qu'il ne devoit pas être queftion de lui dans le rapport qui a été fait du réfultat des opérations de M. l'Abbé Bruxelles, puifqu'il ne s'y agiffoit que de reconnoître fimplement, fi après fes opérations on trouvoit en bon état la matiere glutineufe dans le grain fufpect , laquelle étoit détériorée dans ce même grain non préparé. Or certainement , & mon ouvrage en fait foi , j'avois une connoiffance très-pofitive de la maniere d'extraire de la pâte la matiere glutineufe ; j'étois en état de conftater , fans avoir recours à des lumieres étrangeres , le point de phyfique qui confifte à fçavoir , fi le froment qui a une odeur & un goût défagréable , ne doit fes mauvaifes qualités qu'à l'altération de la matiere glutineufe. Ce point de recherches n'étoit pas notre objet fpécial dans l'examen dont nous étions chargés. La farine retirée du bled préparé par M. l'Abbé Bruxelles, avoit-elle gagné ou non quelque avantage effentiel fur celle qui n'avoit eu aucune préparation ? voilà le fait qu'il falloit établir, & qui a été mis en évidence par un procédé dont je dois la connoiffance à tout autre qu'à M. Sage, & qu'il n'a connu lui-même que d'après les ouvrages que j'ai indiqués dans les obfervations ajoutées aux Récréations Chymiques de Model, & qui ont traité cet objet depuia plus de trente ans.

Tel eft le fait comme il s'eft paffé. M. Tillet, connu par fon amour pour le bien public & pour la vérité, peut déclarer, fi j'ajoute quelque chofe à ce précis. Ce modefte Académicien', qui oublie toujours de parler de lui, lorfqu'il eft queftion de parler des autres, fe feroit-il écarté de fon caractere & de fa difpofition naturelle, fans les raifons que nous venons d'énoncer?

Dès que j'appris que M. Sage continuoit fes plaintes, je fus pour lui apprendre ces raifons; il étoit forti: je

laiffai chez lui le rapport en queftion ,
& les obfervations dont je l'avois ac-
compagné : il me le renvoya au bout
de deux jours, après avoir écrit de fa
main, avec une humilité digne d'éloges, fous ces mots, M. TILLET NOUS
PROPOSA *d'après M. Sage*. Cette obf-
tination de M. Sage augmenta le defir
que j'avois de le tirer de fon aveugle-
ment, s'il étoit poffible : j'y retournai
le lendemain, & le trouvai ; la premiere chofe dont il fut queftion , fut
encore la matiere glutineufe ; il me dé-
fia de lui prouver que j'euffe imprimé
quelque chofe de relatif à ce fujet ; je
le priai de vouloir bien me donner les
Récréations Chymiques , fi elles étoient
dans fa Bibliotheque, & je lui mis fous
les yeux, le volume, l'article & la page.
Quel fut fon étonnement ! il changea
bientôt de ton & de langage , mais ce
ne fut pas pour long-temps. Perfuadé
que je n'oferois réclamer publique-
ment ce que j'avois pris la liberté de
lui montrer chez lui , il s'empreffa de
dépofer à l'Académie, quelques jours
après, fous cachet, un paquet qui contenoit , fuivant lui, un moyen de reconnoître les farines altérées ; il dit à qui

veut l'entendre, que ce moyen eſt ingénieux, & qu'il y avoit été conduit
par le haſard ; enfin il le publie. Mais
ce qui paroîtra le plus étonnant, c'eſt
que M. Sage, qui ne doit connoître
Beccari, MM. Keſſelmeyer, Touvenel, & Portal de Bellefond, &c. que
d'après la notice que j'en ai donné,
puiſqu'il continue à vouloir être l'inventeur de ce que tous ces honnêtes Sçavans ont fait & imprimé, avance, page
7. *MM. Model & Parmentier ont auſſi
parlé de la matiere glutineuſe, mais aucun d'eux n'a dit que les diverſes altérations que le bled éprouve, ſe portent en
général ſur la matiere glutineuſe; & qu'il
ajoute encore, comme une autre décou-*
verte, page 8, *les bleds, à raiſon du
ſol, de la culture, du temps, contiennent de la matiere glutineuſe en différentes proportions.* Continuons de voir
ſi c'eſt M. Sage qui a trouvé tout cela
le premier.

Beccari, après avoir dit qu'il a re-
cherché en vain la matiere glutineuſe
dans beaucoup d'autres farineux que
dans le froment, fait mention dans pluſieurs endroits de ſon Mémoire des va-
riétés qu'il a rencontrées dans la farine

des différens bleds , par rapport à la proportion qui s'y en trouve. *Voyez Commentarium Bononienfe , Tom. I. Part. I.* M. Kefielmeyer , à qui nous avons l'obligation des trois ou quatre expériences que M. Sage a faites fur la matiere glutineufe, ne dit-il pas la même chofe dans fa Diflertation ? *cùm ita perfpexerim methodum quá improbitatem tritici variis locis , & variis tempeftatibus culti inquirere & præftantiam tritici fpecierum & varietatem disjudicare poffim.* Vid. pag. 4. *Differt. inauguralis medic. de quorumdam vegetabilium principio nutriente:*

M. Touvenel ne dit-il pas d'après M. Keffelmeyer , & d'après fes propres expériences , que la matiere glutineufe fe trouve en différentes proportions dans les différentes efpeces de bled, qu'elle varie encore en raifon du fol, de la culture, de la récolte, &c. &c? Par exemple, que la meilleure efpece de bled, celle qui porte chez les Botaniftes le nom de bled d'hiver, *triticum hibernum,* cultivé dans les champs aux environs de Narbonne, lui a fourni une plus grande quantité de matiere glutineufe, que la même efpece de bled examiné à Strasbourg par M. Keffelmeyer. Voyez *de corpore nutritivo & de nutritione Tentamen chymico - medicum.*

Aucun d'eux n'a encore dit , suivant M. Sage : » N'ai-je pas dit , page 166, *Examen des pommes de terres* , « la subs- » tance glutineuse varie, comme l'on » sçait , en proportion : j'oserois même » dire en qualité dans le bled ; & plus » loin , page 168, je puis maintenant » avancer qu'un bled est d'autant plus » parfait , qu'il fournit moins de son & » plus de substance glutineuse. » On peut voir , dans l'ouvrage même , les ex- périences que j'ai faites pour constater ces vérités.

Puisqu'il étoit démontré que les vi- cissitudes des saisons & les différences du sol peuvent influer d'une maniere très-sensible sur la quantité & la qua- lité de la matiere glutineuse , je ne dou- tai plus , en y joignant la disposition, qu'a cette matiere de s'altérer , que c'étoit toujours par elle que les bleds commençoient à se vicier : j'annonçai cela dès la page 55. *Examen Chymique des pommes de terre* , où , en parlant de la farine de ces tubercules , qui ne contient pas de matiere glutineuse , je dis : « Je suis même persuadé que cette » farine

» farine tenue renfermée , & même ex-
» posée à l'air , se garderoit beaucoup
» plus de temps sans altération, que les
» farines de nos graminés. On verra
» plus loin la cause qui fait gâter ces
» dernieres. » Les passages suivans , extraits du même ouvrage , feront voir si
c'est de la matiere glutineuse dont je
voulois parler.

Page 111. « Le bled est de tous les
» graminés celui qui mérite le plus no-
» tre admiration , & les soins que nous
» lui prodiguons; mais il faut avouer en
» même-temps qu'il est celui qui exige
» davantage de précautions, pour pré-
» venir les accidens auxquels il est as-
» sujetti : la nature très-huileuse de son
» écorce, fait qu'elle se rancit aisément.
» La substance glutineuse, dans cet état,
» s'altere promptement : ces deux subs-
» tances enfin , hâtent la corruption du
» bled : aussi le bled en épis & renfer-
» mé dans la balle se conserve-t-il mieux
» & beaucoup plus de temps que le bled
» battu. »

Page 169. « Quoique la substance
» glutineuse ne paroisse pas très-essen-
» tielle au bled , puisqu'elle concourt
» à l'altérer , si on ne prend pas les pré-

C

» cautions néceffaires pour le mettre à
» l'abri des inconvéniens dont il a été
» fait mention plus haut.

Page 137. « Quand la farine fe gâte,
» c'eft toujours fon mucilage qui com-
» mence par attirer l'humidité de l'air,
» dont il eft affez avide : la fubftance
» élaftique ne fçauroit être voifine de
» l'humidité, fans prendre l'état glu-
» tineux, comme le montre l'état pe-
» lotonné des farines gâtées ; dans cet
» état, elle fe corromp prompte-
» ment, & fait auffi corrompre le fon
» qui eft très-huileux, car l'amidon
» eft la fubftance qui s'altere la der-
» niere. »

Page 152. « La fubftance glutineufe
» peut s'altérer dans la minute, lorf-
» qu'elle eft fous la forme élaftique :
» on a des exemples que des fournées
» de pain entieres ont manqué par la
» feule vapeur des commodités qu'on
» vuidoit ; le pain étoit lourd, maffif,
» & fort mauvais. »

Page 153. « La fubftance glutineufe
» fe charge volontiers des exhalaifons
» putrides auxquelles elle eft expofée ;
» mais nous avons vu que la chaleur
» de l'exficcation fuffit pour la lui faire

» perdre entierement. Il est cependant
» certain que quand cette substance est
» trop altérée, elle ne peut reprendre
» son premier état, quoique la chaleur
» détruise une bonne partie de cette
» odeur ; phénomene qui s'accorde
» très-bien avec ce que M. Duhamel
» a avancé, *Traité de la Conservation*
» *des grains* : que du froment qui avoit
» contracté une odeur désagréable, pou-
» voit être rétabli dans son premier état,
» au moyen de l'étuve & du crible. Les
» expériences de ce célebre Académi-
» cien prouvent assez combien un bled
» sec, en apparence, contient encore
» d'humidité. C'est cette humidité qui
» hâte la corruption des grains ; parce
» que la substance élastique prenant
» l'état glutineux, acquiert en même-
» temps la propriété de s'altérer promp-
» tement. »

Page 484. *Vol.* 2. *Récréations Chy-*
miques. « Lorsque le Bled contient en-
» core assez d'humidité pour donner de
» la glutinosité à la matiere élastique,
» il se broie plus difficilement, empâte
» les meules, engraisse les bluteaux au
» point que la farine ne passe qu'avec
» peine, & n'est pas de garde : c'est

» ce qui arrive au bled nouveau ou
» mouillé. Si au contraire il eft vieux
» & extrêmement fec, l'action violente
» des meules, ou trop long-temps con-
» tinuée, communique toujours une
» odeur d'échauffé à la farine ; parce
» que la fubftance glutineufe, com-
» me nous l'avons dit, étant pulvé-
» rifée, acquiert une odeur particu-
» liere. »

Ces différens paffages expriment-ils
affez clairement que les diverfes altérations du bled fe portent particulierement fur la fubftance glutineufe ; &
que celle-ci, une fois viciée, exhale
une odeur défagréable ? Voici l'efpece
de réfumé que je faifois au milieu du
récit de mes expériences à ce fujet,
page 109, *Examen des pommes de
terre* : « Ce n'étoit pas affez d'avoir
» confirmé par mes expériences celles
» qui avoient déja été faites fur la ma-
» tiere glutineufe du froment, de l'a-
» voir confidéré fous les deux états :
» 1ᶜ. glutineux & élaftique ; 2°. fec &
» pulvérulent : d'avoir déterminé en
» quelle proportion elle s'y trouvoit ;
» fi elle étoit l'ouvrage de la nature,
» ou celui de l'art ; enfin, de quelle

» maniere, & comment elle exiſtoit
» dans le bled. J'ai cru devoir encore
» examiner ſes effets dans la mouture
» & dans la farine qui en réſulte; ſes
» fonctions dans la pâte & dans le pain
» qu'on en fait: démontrer enfin la dif-
» férence qu'il y a entre une farine à
» laquelle on a enlevé la matiere glu-
» tineuſe, & celle qui l'a conſervée. »
On verra, dans l'article ſuivant, les expériences que j'ai faites pour connoître
l'état dans lequel ſe trouvoit la matiere
glutineuſe, dès qu'elle étoit altérée,
& à quels ſignes cette altération pouvoit ſe manifeſter dans le bled & les
farines.

EXPÉRIENCES PROPRES A FAIRE CONNOITRE LA QUALITÉ DE LA FARINE.

DANS l'article précédent, je n'ai
cité que quelques paſſages, pour prouver que l'altération des bleds & des
farines commençoit ordinairement par
la matiere glutineuſe, une de leurs
parties conſtituantes; & que bien loin

que M. Sage eût avancé quelque chofe
de nouveau , fur cet objet, il étoit le
dernier qui en eût parlé. J'aurois même
pu ajouter que, pour confirmer davantage cette vé.ité, j'avois abandonné à l'air
les différentes farines qu'on retire d'un
même grain , qu'elles s'y étoient gâtées
en raifon de la quantité de matiere glutineufe qu'elles renfermoient ; que les
mêmes farines qui en étoient dépouil-
lées, & que j'avois foumifes à la même
expérience , s'étoient corrompues avec
beaucoup moins de rapidité que les
farines des autres grains , tels que le feigle, l'orge , l'avoine , dans lefquelles
j'avois introduit de la matiere glutineufe, & qui avoient été pareillement
expofées à l'humidité de l'air, fe gâtoient auffi promptement que celle du
froment , tandis que les farines, où il
n'y avoit aucun mélange , ne s'altéroient
qu'au bout d'un certain temps ; encore
l'altération étoit-elle moins marquée
que celle du bled. Tous ces détails nous
auroient conduits trop loin ; d'ailleurs
on peut les voir dans l'*Examen des pommes de terre* , page 118 *& fuiv.*

Mais il ne fuffifoit pas d'avoir démontré par des expériences & des ob-

fervations, que la préfence de la matiere glutineufe, étoit la caufe de la prompte altération des bleds & des farines; que celles-ci fe gâtoient d'autant plus promptement, qu'elles en poffédoient une plus grande quantité. Il falloit encore s'affurer, d'une maniere pofitive, de l'état où fe trouvoit cette matiere glutineufe, & quelle étoit fa forme, dès qu'une fois elle avoit fubi un commencement d'altération. Si je n'euffe fait mes expériences que fur un bled vicié, comment auroit-il été poffible de comparer l'état de la matiere glutineufe, qui en feroit provenue, avec celui qu'elle avoit avant d'avoir fouffert quelque décompofition ; puifque , comme le dit M. Sage, (toujours bien entendu d'après tous les Auteurs qui ont traité le même objet), que cette matiere glutineufe varie en quantité & en qualité, fuivant la nature du fol, l'efpece de culture, & les viciffitudes des faifons? Il étoit donc abfolument indifpenfable de faire gâter exprès des farines , après s'être affuré de la nature & de la proportion de la matiere glutineufe qu'elles contenoient.

L'expérience journaliere apprend

combien l'humidité fait de tort aux farines. Tout le monde fçait à merveille qu'elles s'y gâtent affez promptement, & que la premiere attention, c'eft de les garantir. On en eft fi fort perfuadé à Moffac & à Nérac en Guienne, que le feul moyen que ces célebres Manufactures emploient pour conferver les farines qu'elles fourniffent à nos Colonies, confifte à bien deffécher le bled, à en bluter exactement les farines, & à les mettre dans des barils, à couvert de toute humidité. Or, j'ai cru devoir recourir à l'humidité d'une cave, pour connoître plus particulierement fon action & fes effets. L'expérience que j'ai faite, dans cette vue, me paroît trop effentielle pour ne pas la rapporter ici tout au long, & telle qu'elle fe trouve décrite dans l'*Examen Chymique des pommes de terre*, page 117.

« J'ai pris les quatre fortes de fari-
» nes connues dans la boulangerie,
» fous les différens noms dont j'ai déja
» parlé ; je les ai expofées chacune
» féparément fur une affiette, à l'humi-
» dité d'une cave : en très-peu de temps
» elles s'y font gâtées ; la plus bife a

» d'abord commencé , & fucceffive-
» ment jufqu'à la plus blanche , qui
» s'eft altérée la derniere : après cela
» j'ai fait des pâtes de ces farines, que
» j'ai délayées dans l'eau, pour en re-
» tirer la fubftance glutineufe : j'ai re-
» marqué qu'elle y étoit en moindre
» quantité ; que fa glutinofité & fon
» élafticité paroiffoient altérées , &
» qu'enfin elle avoit un peu d'odeur &
» de couleur. »

Le caractere de la matiere glutineufe
altérée dans une farine, fe trouve donc
déterminée par cette expérience; proportion moindre , élafticité & glutinofité diminuées , odeur & couleur
augmentées : voilà , je penfe , ce que
M. Sage dit avoir découvert, & ce que
j'avois démontré, il y a quatre ans, fans
importance & fans bruit. Mais il s'a-
giffoit de voir , après cela, quels phé-
noménes préfentoit la matiere glutineufe altérée dans la fabrication du
pain : je fis , en conféquence , quelques expériences confignées dans le même ouvrage ; je me bornerai à en citer
deux, *page* 138.

« J'ai pris huit onces de farine un
» peu altérée, dont j'ai fait un pain,

» avec la dofe de levain : ce pain étoit
» moins levé que de coutume, n'avoit
» pas la couleur ordinaire du pain, &
» fa faveur fade étoit bien celle qu'on
» exprime ordinairement par le goût
» de terre & de poufliere.

» J'ai pris une livre de cette même
» farine, que j'ai mife en pâte, pour
» la délayer enfuite dans très-peu d'eau,
» afin d'en extraire bien exactement la
» fubftance glutineufe qu'elle conte-
» noit. J'ai defféché le réfidu de la ma-
» niere dont j'ai déja dit, & j'en ai
» fait deux pains ; dans l'un , je n'ai
» mis que du levain ; dans l'autre, j'ai
» ajouté de la fubftance glutineufe,
» pareille dofe, à-peu-près, qu'il y en
» avoit. Le premier de ces pains étoit
» prefque femblable, pour la couleur
» & le goût, à celui d'une farine pri-
» vée également de fubftance gluti-
» neufe ; & le dernier étoit auffi bon
» qu'un même pain de farine non
» gâtée. »

Voilà vraifemblablement les expériences qui ont fait éclorre le moyen
*fimple & infaillible pour déterminer la
qualité du froment ;* moyen que M. Sage
a été affez heureux de découvrir dans la

suite du travail qu'il a fait fur les dif-
férens grains. Je le laiﬀerois volontiers
jouir paiﬁblement de ſon triomphe,
s'il n'avoit ajouté à ſa découverte
prétendue dont il ſe félicite, page 5,
des aﬀertions véritablement dénuées
de toute preuve, & qui pourroient
donner des inquiétudes, ﬁ l'on ne
s'empreﬀoit d'y répondre & de les
anéantir.

Quand on veut porter ſon jugement
ſur la nature des bleds ſuſpects, il faut
bien ſe donner de garde de ne jamais
prononcer d'après l'examen de leur farine, le grain étant l'ouvrage de la nature,
& la farine, celui de l'art : un Meûnier
peut, avec le meilleur bled poﬃble, faire
la plus mauvaiſe farine; de même qu'un
Boulanger fabrique ſouvent, avec la
plus belle farine, un pain déſagréable.
Il eſt étonnant que les procédés de ces
deux arts de premiere néceﬃté, ﬁ per-
fectionnés dans la Capitale, ſemblent être
inconnus à ceux qui ſe croient au courant
de tout ce qui intéreﬀe l'humanité, &
ſoient encore ﬁ défectueux dans plu-
ﬁeurs de nos Provinces, malgré les
invitations, les encouragemens & les

dépenfes que le Gouvernement a faites à ce fujet.

L'année derniere je fis moudre deux feptiers de bled vicié dans un moulin des environs de Paris, à deffein d'examiner enfuite la farine, pour fçavoir combien il s'y trouvoit encore de matiere glutineufe ; je remarquai qu'il y en avoit tout au plus un gros par livre, encore étoit-elle molle, & fans élafticité ; je conjeſturai que cette matiere étoit demeurée adhérente au fon, ainfi que je m'en fuis affuré plus d'une fois, en examinant les bleds récoltés dans des années humides.

Pour vérifier de plus en plus fi ma conjeſture étoit fondée, j'entrepris de moudre moi-même le bled en queſtion ; je choifis, pour cet effet, un moulin à café, & je fis, avec la farine groffiere qui en réfulta, une pâte, que je traitai comme les autres pâtes, & j'en féparai deux onces de matiere glutineufe par livre de bled, ce qui fait à-peu-près la moitié de celle qu'on trouve dans les bleds fains de médiocre qualité. Cette feule expérience pourroit fervir à prouver que les bleds chétifs, produits d'une végétation languiffante, fourniroient

(45)

une plus belle farine, & par conféquent
un meilleur pain, fi on avoit la précaution de les faire fécher au foleil,
au four ou à l'étuve; fi enfin, avant de
les porter au moulin, pour les écrafer,
on detachoit la matiere glutineufe du
fon, & fi on la mettoit en état de fe
divifer aifément, & de paffer à travers
les bluteaux fins, pour être confondue
dans les farines blanches.

M. Sage me permettra-t-il de lui
mettre fous les yeux quelques paffages
de mon premier *Mémoire fur les farines gâtées*, dont il a entendu la lecture
à l'Académie, un mois avant la publicité
du fien?

« J'ai déja eu occafion de faire re-
» marquer que ceux qui font le com-
» merce des grains & des farines, ou
» qui les emploient à la fabrication du
» pain, avoient indiqué l'exiftence de
» la matiere glutineufe avant que *Bec-
» cari* ne l'eût mife à découvert: j'a-
» jouterai ici, fans vouloir rien ôter à
» la gloire qui eft due à ce fçavant Mé-
» decin, que les fignes d'après lefquels
» ces Marchands jugent qu'un grain eft
» altéré, annoncent pofitivement l'état
» de détérioration dans lequel fe trouve

» cette matiere glutineuſe. Ces ſignes
» ſont ordinairement la couleur exté-
» rieure de ce grain, la facilité de l'é-
» craſer au moulin & ſous la dent, ſans
» éprouver autant de tenacité, le peu
» de liant de la pâte, qui eſt graſſe, s'at-
» tache aux mains ; la maniere dont
» cette pâte leve & cuit au four ; le
» pain qui eſt lourd, peu levé, ſans
» parler de l'odeur & de la ſaveur de ce
» pain, qui ſouvent ſont déſagréables,
» & apprennent à tout le monde leur
» altération, ſans qu'il ſoit néceſſaire
» d'aucun examen chymique pour en
» donner la preuve.

» Plus la matiere glutineuſe à de
» conſiſtance, de tenacité & d'élaſti-
» cité, plus le bled d'où elle ſera ex-
» traite, ſe trouvera avoir de valeur.
» Un bon bled doit donner cinq onces
» de matiere glutineuſe, molle & élaſ-
» tique par livre ; & cette matiere, pour
» être réduite à l'état ſec, & telle qu'elle
» exiſte dans les bleds & les farines,
» doit éprouver un déchet de trois
» onces environ, reſte deux onces :
» ce qui pourroit devenir, pour le
» Phyſicien, un moyen de reconnoî-
» tre le bled de bonne qualité ; mais

» lorſque la matiere glutineuſe , au
» contraire , ne ſe trouvera pas dans la
» proportion de deux onces par livre,
» qu'elle ne ſera pas en outre revêtue
» de tous les caracteres qui lui appartien-
» nent, le Phyſicien aura peut-être en-
» core un moyen de s'appercevoir de l'al-
» tération des farines ; mais ce moyen
» employé ſeul, pourroit fort bien in-
» duire en erreur , ſi l'on décidoit trop
» précipitamment d'après lui , ſans in-
» voquer en même-temps le témoigna-
» ge des ſens , qui ne trompent preſ-
» que jamais les hommes exercés ; &
» ſans employer également quelques-
» unes des épreuves uſitées ordinaire-
» ment parmi les Marchands de grains
» & de farines ; car (on ne ſçauroit trop
le répéter) » il y a des bleds qui peu-
» vent très-bien ne renfermer que peu
» de matiere glutineuſe , ſans pour cela
» avoir éprouvé la plus legere alté-
» ration ; il y en a d'autres , au con-
» traire, qui quoique contenant beau-
» coup de matiere glutineuſe , ne four-
» niſſent cependant pas de bon pain ,
» parce que cette matiere peut avoir
» contracté de l'odeur , ſans avoir rien
» perdu de ſes propriétés. »

Il faut qu'un bled foit extraordinairement vicié, pour ne plus offrir de
traces de matiere glutineufe. La farine
dont parle M. Sage, pag. 10, & dans
laquelle il n'a pu rencontrer cette matiere glutineufe, appartient à un grain qui
en contient encore au moins moitié de ce
qu'en tiennent les bleds de la meilleure
qualité. Il peut répéter l'expérience du
moulin à café, fuivre à la lettre le procédé que j'indique ; & fa tentative fera cou-
ronnée du fuccès. Je n'ai jamais vu de bled
gâté au point de ne plus donner de matiere glutineufe : il n'en eft cependant
point que je n'aie examiné, depuis celui
qui eft prefque détruit, jufqu'au bled qui
n'a qu'une légere odeur. La difparution
totale de la matiere glutineufe n'a lieu
que dans les bleds germés : alors elle eft
diffoute & combinée avec les autres parties du grain ; tandis que dans les bleds
altérés, la portion de fubftance glutineufe qui a perdu l'élafticité & la tenacité
qu'elle avoit auparavant, eft confondue
avec les autres principes conftituans le
bled. Quand les bleds ont été altérés en
hiver, l'odeur qu'ils exhalent tend à
l'acidité & à la putridité : au contraire ,
quand

quand c'est en été ; j'en ai dit les raisons dans les différens Mémoires que j'ai lus à l'Académie sur les bleds & les farines gâtés.

On ne croira jamais que M. Sage ait osé prononcer affirmativement sur tous les bleds en général, d'après l'apperçu d'un seul qu'il n'a pu connoître, avant d'être altéré, & qu'il ne s'est pas même donné la peine d'examiner dans cet état. Il est encore temps : j'ai chez moi du pareil grain ; quand il lui plaira, je lui démontrerai trois choses, qui cadreront peu avec ses idées : la premiere, que le bled dont il s'agit, contient encore beaucoup de matiere glutineuse ; la seconde, que cette matiere est douée de la même élasticité que si elle provenoit du bled le plus sain ; la troisieme enfin, qu'elle n'a pas plus d'odeur que le grain lui-même, & que si elle étoit la cause, comme le dit M. Sage, de l'odeur qu'a ordinairement le grain altéré, il s'enfuivroit qu'elle auroit infiniment plus d'odeur. Or, c'est le contraire. Où en feroit M. Sage, si on le prioit de rendre compte des expériences qu'il a faites, autres que les miennes, pour avancer en différens endroits de

D

ſon Mémoire, d'abord, pag. 7 : *on a cru qu'en lavant ces grains, on leur enleveroit leur propriété nuiſible , parce qu'après ces lotions, ils perdent une partie de leur odeur : mais on n'a pas fait attention que l'eau diſſolvoit la matiere ſucrée & la matiere extractive du grain.* Et en note : *Je me ſuis aſſuré, par un grand nombre d'expériences, que les leſſives ſalines ne pouvoient pas reſtituer la matiere glutineuſe à ſon premier état, quand elle a été une fois altérée.* Puis, pag. 10 : *J'ai reconnu que la farine qui ne produiſoit pas de matiere glutineuſe élaſtique, n'étoit pas propre à faire du levain ; qu'au lieu de fermenter, elle s'affaiſſoit & couloit.* Pourquoi ne pas avouer tout bonnement, M. Parmentier, ou, ſans me nommer, dire : on m'a confié un rapport dans lequel j'ai trouvé la preuve la plus complette de l'inſuffiſance des leſſives ſalines, pour raccommoder les grains altérés : j'ai vu que, loin de les corriger, elles les vicioient davantage, en y introduiſant une matiere colorante & ſapide ; que le levain dans lequel la matiere glutineuſe étoit altérée, n'avoit pas de corps, ne bouffoit pas aſſez dans ſon apprêt,

& s'affaiſſoit en peu de temps ? Pourquoi ne pas ajouter : j'ai trouvé en outre
dans les obſervations étendues qui accompagnent ce rapport, des expériences multipliées, qui manifeſtent le danger des macérations des grains, même
dans l'eau diſtillée, & les avantages que
leur procurent quelquefois les lotions ?
que dans le premier cas, il en réſultoit
une extraction du muqueux ſucré, néceſſaire à la converſion de la farine en
pain ; dans le ſecond, au contraire, on
enlevoit aux grains l'odeur ſuperficielle
qui tient à leur écorce ; on les dépouil-
loit d'une matiere viſqueuſe ou pulvérulente, due aux grains froiſſés entr'eux,
ou à ceux entiérement gâtés, que le
fléau avoit écraſés & répandus à la ſurface ; matiere qui pouvoit communiquer au pain une odeur & un goût déſagréables. Il ne niera point, ſans doute,
ce que je viens de dire. Ce rapport,
qu'il a eu pluſieurs jours ſous les yeux,
eſt encore entre mes mains, & il eſt
marqué de pluſieurs traits de ſon
crayon.

Je ne ſuis pas aſſez injuſte pour dire
que M. Sage ait profité de tout ce qui

eft contenu dans les obfervations du rapport dont il s'agit : car j'ai dit qu'un bled fimplement échauffé, pouvoit être rétabli dans fon premier état, au moyen de la deffication ; que quand les meules avoient développé une odeur dans le grain, il fuffifoit d'en expofer la farine en plein air, au foleil, ou à la chaleur du four ; qu'une mouture modérée, des levains jeunes, étoient encore des moyens innocens pour rendre ces grains & ces farines propres à faire du bon pain. Mais, fuivant M. Sage, c'eft un poifon ; & malheureufement il a l'expérience de tous les temps contre lui. Que deviendroit le genre humain, dans les années pluvieufes, où il n'y a prefque point de bled qui n'ait plus ou moins le goût d'échauffé ?

J'ai toujours cru, & je le crois encore, que la quantité de matiere glutineufe qui fe trouve dans la farine eft effentielle pour la confection du pain beau & agréable ; & que plus un bled en contient, plus auffi le pain qui en réfulte, eft abondant & de belle qualité. Mais j'ignore parfaitement fi la matiere glutineufe, privée d'élafticité,

foit par rapport à la végétation languiffante, foit par ce qu'elle a éprouvé
un commencement de fermentation,
eft capable de faire *mal au cœur, d'occafionner des coliques, des pefanteurs
d'eftomac, des indigeftions, un mal-aifé,
de l'affaiffement, enfin une efpece d'ivref-
fe.* Pour moi, j'avoue que je n'en ai
jamais vu d'exemples, & que je penfe
qu'une queftion auffi délicate & auffi importante, fur laquelle il eft fi dangereux de prononcer avec trop de promptitude, ne peut & ne doit être décidée
que par le concours des jugemens d'ob-
fervateurs habiles, fideles & fans préjugés, inftruits du dégré d'altération
des grains, des caufes multipliées qui
les ont gâtés, & des effets qu'ils produifent dans cet état. Tout ce que je
fçais, c'eft que la farine des bleds germés, dans laquelle la matiere glutineufe
eft abfolument privée d'élafticité, a été
indiquée & propofée par feu M. Rouelle, notre Confrere, & de l'Académie
Royale des Sciences, pour être employée de préférence à celle où la matiere glutineufe eft douée de toute fon
élafticité, pour la préparation de la

bouillie des enfans; & qu'au dire de plufieurs Médecins éclairés, il n'en eft ré-
fulté aucun des maux que caufe ordinairement la bouillie faite avec la farine d'un
bled qui n'a pas germé. Tout ce que je
fçais encore, c'eft que les bleds venus
fur des fols ingrats, ou récoltés dans
des années pluvieufes & froides, dont
la matiere glutineufe manque ordinairement d'un peu d'élafticité, produifent
à la vérité moins de farine, & celle-ci,
un pain de peu d'apparence; mais je
n'ai ouï dire qu'à M. Sage que l'ufage
de cet aliment fût auffi dangereux, qu'il
fît mal au cœur, &c. &c.

Si la matiere glutineufe altérée étoit
coupable de tous les reproches que lui
fait l'Auteur de l'Analyfe, comment
concevoir que le gros noir des Amidonniers, qui, fuivant ce que j'ai dit,
& que M. Sage répete, pag. 27, n'eft
rien autre chofe que de la matiere glutineufe altérée; comment concevoir,
dis-je, qu'une matiere auffi terrible
pour les hommes, foit en état de conferver en bonne fanté, & même d'en-
graiffer en fort peu de temps, des animaux dont toutes les parties font autant

de mets friands, qui font nos délices?
Mais il ne falloit pas toujours être de
mon avis. Malgré cela, je ne fçaurois
trop le répéter, ce font les grains trop
nouveaux qu'il faut craindre, ce font
ceux qui ont été viciés fur pied par quelques maladies, ou détériorés dans les
magafins, au point de porter avec eux
un goût & une odeur défagréables. Encore eft-il néceffaire de ne pas tellement
les proscrire, que l'on ne fçache plus
quel emploi on en doit faire; parce que
je crois avoir démontré qu'on retire
d'un grain gâté autant & d'auffi bel amidon, que s'il n'avoit éprouvé aucune
altération. Ce font enfin les hommes à
fyftêmes qu'il faut appréhender, fur-
tout lorfqu'ils cherchent à appliquer leurs
fophifmes, qu'ils appellent doctrine,
aux objets qui ont un rapport direct avec
la fanté. Car on ne peut fe difpenfer
d'en convenir, nous ferions infiniment
plus heureux, fi nous n'avions que les
fléaux de la nature à redouter.

Que refte-t-il donc à M. Sage de tout
ce qu'il dit *s'être affuré, avoir découvert,
reconnu, conftaté par un travail fuivi,
des expériences fans nombre, une multitude de recherches & d'obfervations?* La

gloire éphémere de s'être fait paſſer auprès des perſonnes qui ne s'occupent
nullement de pareils objets , pour l'inventeur d'une découverte annoncée ſans
prétention dès 1742 , développée & perfectionnée naturellement par tous ceux
qui l'ont traitée , excepté par M. Sage.
Je ne doute pas même que , pour ſortir
d'embarras , la circonſtance ne lui préſente une reſſource , & qu'il n'avance.
que dans toutes mes expériences , je
n'ai pas conclu par dire poſitivement
que la privation d'élaſticité étoit un
moyen infaillible pour connoître la
qualité du froment , & qu'il a eu ſeul le
mérite , l'avantage , l'honneur d'en tirer
cette conſéquence , & d'en faire l'appli-
cation. Il eſt vrai que j'ai laiſſé la liberté
de tirer de mes expériences , telle conſéquence qu'on jugeroit à propos ; mais
certainement je me ferois bien gardé de
les publier , ſi j'euſſe pu préſumer qu'on
en abuſeroit à ce point.

MANIERE DE RETIRER LA SUBS-TANCE GLUTINEUSE DE LA FA-RINE DE FROMENT.

ON eſt tout étonné de ne trouver dans la méthode que M. Sage indique, pag. 12, pour retirer la matiere gluti-neuſe, que le procédé le plus défec-tueux, & tel qu'il fut employé, il y a plus de trente ans, par Beccari, la pre-miere fois qu'il s'apperçut de l'exiſtence de cette matiere dans le bled. Auſſi ſem-ble-t-il en convenir, pag. 17, en avouant franchement qu'il eſt impoſſible d'ex-traire la totalité de la matiere glutineuſe contenue dans la farine. Il recommande ſeulement de malaxer la pâte 20 minutes, ſans doute pour les raiſons qu'il a vu alléguées, pag. 103 de l'*Examen chymi-que des pommes de terre*. Dans cette cir-conſtance, l'Auteur de l'Analyſe s'eſt déterminé à parler d'après lui ſe 1: mais comme, à défaut d'un premier ſuccès, il pourroit recommencer ſes recherches & ſes expériences ſur la na-ture & les propriétés de la matiere gluti-

neufe, nous croyons devoir lui indiquer
le moyen le plus économique pour en
avoir davantage d'une même quantité
de farine. Ce moyen, qui a paru indifférent à l'Auteur, fe trouve configné
dans le fecond volume des *Recréations
chymiques de Model*, page 470 ; il eft
conçu en ces termes :

« La quantité de fubftance glutineufe
» qu'on obtient du froment, dépend
» non-feulement de l'efpece & de la qua-
» lité du grain, mais encore du procédé
» employé à cette opération. Quelque
» fimple qu'il foit en lui-même, ce pro-
» cédé, il influe néanmoins confidéra-
» blement fur la quantité du produit.
» J'ai dit que M. Keffelmeyer avoit rec-
» tifié la méthode de Beccari, & que
» M. Malouin avoit encore renchéri fur
» ce dernier. J'ai donc effayé tous les
» moyens : voici celui qui m'a femblé
» le meilleur.

» On prend une livre de farine, &
» jamais plus ; on en forme une pâte
» ferme, avec fuffifante quantité d'eau :
» on malaxe enfuite cette pâte long-
» temps, puis on la tient entre les mains
» fous le robinet d'une fontaine ; d'où
» fort un filet d'eau qui, en paffant fur

» la pâte, traverse par un tamis. A peine
» l'eau a-t-elle touché la pâte, que celle-
» ci présente à sa surface une substance
» jaunâtre, qui devient plus sensible, à
» mesure que l'eau entraîne la partie fa-
» rineuse : & lorsque l'eau cesse d'être
» louche, il reste dans les mains une
» matiere glutineuse & élastique, qui
» devient de plus en plus tenace. »

J'ai dit en plusieurs endroits de mon
Examen chymique des pommes de
terre, page 97 entr'autres, que quoique
le moyen ci-dessus énoncé fût le meilleur possible pour extraire la totalité de
la matiere glutineuse, cela n'empêchoit
point qu'il ne s'en trouvât de dissoute
dans l'eau, à la faveur du frottement ;
& qu'il pouvoit fort bien y en avoir encore quelques portions qui, n'ayant pas
eu le temps de s'aglutiner & de se réunir en masse tenace, étoient entraînées
sous une forme pulvérulente avec la
farine, par l'eau des lotions. Car si la
matiere glutineuse n'étoit rendue mis-
cible à l'eau que par l'association de la
matiere sucrée & de la matiere extractive, ainsi que l'avance l'Auteur de
l'Analyse, pag. 19, pourquoi, comme

je viens de le dire, le frottement con-
tinu & réitéré de la matiere glutineuſe,
ſéparée des autres principes du bled,
ſuffit-il pour opérer cette diſſolution?

J'ai pris quatre onces de matiere glutineuſe, ſous la forme élaſtique, & qui
avoit été exactement lavée : je l'ai frottée
une demi-heure dans une pinte d'eau ;
je l'ai peſée enſuite, elle avoit éprouvé
un déchet de trois gros. J'ai filtré l'eau,
qui étoit devenue trouble, & j'ai abandonné la moitié à l'air chaud ; elle ex-
hala bientôt une odeur qui appartient à
la matiere glutineuſe gâtée : l'autre moitié fut expoſée ſur une aſſiette à une
douce chaleur, & l'extrait qui en réſulta
étoit jaunâtre, ſans être fort élaſtique ;
ce qui prouve que l'humidité, combinée d'une certaine maniere avec la
ſubſtance glutineuſe, lui enleve un peu
de ſon élaſticité, & qu'il eſt bien eſſentiel de dépouiller les bleds de cette humidité par la deſſiccation, lorſqu'ils en
contiennent une ſurabondance. La matiere glutineuſe eſt donc ſoluble dans
l'eau par elle-même; elle n'a donc beſoin d'aucun intermede à cet effet.

Lorſqu'on veut retirer la matiere

glutineuſe d'un bled qui a été altéré, il
faut, comme je l'ai déja dit, former
une pâte avec la farine & le ſon qui
en réſultent. On croiroit d'abord qu'elle
n'en fournira point ; mais en ayant attention de bien frotter la maſſe ſurfu-
racée qui reſte entre les mains, on réuſ-
fit. Ordinairement, dans les farines bi-
ſes, la matiere glutineuſe ne devient
pas ſenſible d'abord ; mais il eſt facile
de s'appercevoir que c'eſt le ſon qui
empêche ſa continuité. Si M. Sage avoit
eu la patience de laver ſouvent & long-
temps dans l'eau la pâte faite avec la
farine dont il parle, pag.9, il auroit vu
que la matiere glutineuſe qu'elle produit,
eſt la même que celle des autres farines,
& qu'à meſure que le ſon s'en ſépare,
elle quitte ſa forme granuleuſe pour reprendre de l'adhéſion, de la tenacité &
de l'élaſticité.

Avant de ſoumettre la matiere glutineuſe à des expériences, pour en
connoître la nature & les propriétés,
j'ai cherché à m'aſſurer ſi les différentes
farines d'un même grain fourniſſoient
de la ſubſtance glutineuſe en raiſon de
leur couleur & de la mouture d'où elles

proviennent. J'avois fait en conféquence l'expérience que rapporte M. Sage,
pag. 8, avec cette différence cependant, que j'ai obtenu plus de matiere
glutineufe des farines bifes (voyez *Examen des pommes de terre* , page 86) :
différence qui vient de ce que, dans
cette circonftance, mes farines avoient
été faites par la mouture à la groffe :
car ayant répété le 12 Mai 1775, la même expérience fur des farines prove-
nantes de la mouture économique, j'ai
remarqué, avec M. de Puimaret, que
les derniées farines contenoient moins
de matiere glutineufe. Voyez *Mémoire
fur les farines* , par M. l'Abbé Poncelet,
pag. 5 & fuiv.

L'Auteur de l'Analyfe , qui dit d'a-
près moi, qu'on trouve dans les farines produites par le même froment,
de la fubftance glutineufe en plus ou
moins grande quantité, fuivant la mouture qu'on en a faite , a précifément
oublié de nous dire de quelle efpece de
mouture fes farines étoient réfultées.
Heureufement que fon Meûnier a fup-
pléé à cet oubli, par les étiquettes & les
numéros qu'il a eu foin de mettre fur

chacun des paquets , & qui manifeftent qu'elles viennent de la mouture par
économie.

La fubftance glutineufe étant la partie la plus dure & la plus féche du bled,
elle fe broie difficilement fous la meule , & demeure confondue dans les farines les plus groffieres ; mais la méthode de moudre & de remoudre , qui
conftitue la mouture économique ,
pare à cet inconvénient ; enforte que
par ce moyen , la matiere glutineufe s'é-
crafe , fe divife , s'altere de plus en plus ,
acquiert affez de fineffe pour paffer à travers les bluteaux les plus ferrés , & devient par-là en état de fe mêler inti-
mement avec les farines blanches , dont
elle augmente la qualité & la quantité.
Je devine que tous ces détails pourront
paroître du verbiage à M. Sage , qui ,
fans jamais être entré dans un moulin ,
blâme la mouture économique qu'il ne
connoît abfolument point. Voyez la
définition qu'il en donne page 52. Cependant , d'après les adverfaires de cette
méthode (car les meilleures chofes font
affez ordinairement celles contre lefquelles on crie le plus) , je m'arrêterai

ici un moment, avec la permiſſion de M. Sage, ſur une note qui concerne encore la Meûncrie, & dans laquelle l'Auteur parle d'une fine fleur, que les Boulangers, dit-il, pag. 8, *payent un tiers de moins que la farine ordinaire, & qu'ils introduiſent dans la pâte pour le pain bis, parce qu'ils ont reconnu qu'en l'employant ſeule, la pâte ne levoit pas bien, & que le pain qui en réſultoit, n'é-toit pas agréable.* Les Boulangers que j'ai conſultés à ce ſujet, & auxquels j'ai fait lire la note, ſe joignent à moi pour prier M. Sage d'expliquer ce qu'il en-tend par cette fine fleur. Il eſt bien vrái que dans l'enfance de la mouture, on appelloit fine fleur la premiere farine qui ſort des bluteaux groſſiers, uſités autrefois pour la ſéparation des farines. Mais aujourd'hui que l'art de moudre a ſes principes & ſes regles, cette fine fleur porte le nom de farine de bled ; elle fait la partie principale du produit de la mouture, & bien loin que, dans le commerce, elle vaille un tiers moins que la farine ordinaire, qu'elle ſerve en outre à la compoſition du pain bis, comme il le prétend, elle eſt au con-traire

traire prefqu'auffi chere que la farine de gruau, & fait du pain excellent & très-blanc.

Nous avons fans doute beaucoup d'obligation à M. Sage, de nous apprendre que la farine de gruau contient plus de matiere glutineufe que celle de bled, & que c'eft par cette raifon que les Vermicelliers l'emploient de préférence pour la compofition de leurs pâtes : il auroit pu ajouter, toujours dans la même intention, qu'elle fert aux Boulangers pour le pain mollet, & aux Pâtifliers, pour faire plus aifément leurs feuilletages. L'ouvrage de M. Malouin, qui l'a inftruit fur les lafagnes & les macarons, lui auroit fourni beaucoup d'autres détails, pour augmenter fa note. Je ferai remarquer ici qu'en Picardie, où les bleds ne font pas auffi abondans en matiere glutineufe que ceux de la Beauce, on eft dans l'ufage de mêler les deux farines enfemble. Mais je m'arrête ; car les opérations du Farinier paroiffent auffi étrangeres à M. Sage, que celles du Meûnier, de l'Amidonnier & du Vermicellier. Je reviens à la matiere glutineufe.

E,

Les trois ou quatre expériences que M. Sage dit avoir faites, se trouvent avec beaucoup d'autres, décrites dans tous les Auteurs qui se sont exercés sur cette matiere. Sous quelle forme n'a-t-elle pas été examinée? à quels agens ne l'a-t-on pas soumise? que de moyens employés, pour en connoître la véritable nature? Voyez *Examen des pommes de terre*, pag. 95 & suiv. Est-il permis qu'une matiere, dont l'analyse a été faite & publiée en Italie par un Médecin habile, se trouve être annoncée, comme une nouveauté, trente-quatre ans après, par un Chymiste qui n'a pas même eu la petite précaution d'y rien ajouter du sien?

La propriété que la matiere glutineuse a de passer rapidement à la putréfaction, a fait naître beaucoup de raisonnemens sur sa nature & sur ses effets. M. Sage ne s'est pas écarté de l'opinion commune. Enchaîné perpétuellement à ce que les autres ont dit, ont fait & ont pensé, il déclare comme tout le monde, que la matiere glutineuse se putréfie avec la plus grande facilité : mais nous nous sommes tous trompés. Il auroit été nécessaire de spécifier que c'eſt dans un temps chaud : car lorſqu'il fait froid, elle s'aigrit & demeure long-temps en cet état, ſans paſſer à la putréfaction.

J'avois, au mois de Décembre dernier, de la matiere glutineuſe que je tenois dans un bocal rempli d'eau, à deſſein de la faire pourrir. Elle demeura ainſi pendant dix jours, ſans paroître éprouver aucune altération : le thermomêtre étoit au cinquieme dégré au-deſſus de zéro. Au bout de ce temps, quel fut mon étonnement ! elle devint vineuſe, puis acide, & demeura ainſi plus de deux mois, ſans exhaler aucune odeur qui manifeſtât la putridité. Ce phénomene avoit le droit de me ſurprendre, puiſqu'il renverſoit les idées reçues. J'en fis part auſſi-tôt à M. Touvenel, qui avoit depuis long-temps de la matiere glutineuſe dans un verre. Nous remarquâmes enſemble, après avoir rompu la croûte qui s'étoit formée à la ſurface, qu'au lieu de s'en dégager une odeur fétide, cadavéreuſe & inſupportable, elle répandoit une odeur aigre.

L'obſervation dont je viens de faire mention, m'a paru importante, & je me fuis empreffé de la communiquer à l'Académie, parce qu'elle fert à confirmer ce que j'ai déja avancé dans mon premier Mémoire fur les farines gâtées; fçavoir, qu'il faut néceffairement le concours de l'humidité & de la chaleur de l'atmofphere, pour que la matiere glutineufe faffe altérer promptement les farines : ces dernieres font aigres, quand elles ont été fimplement expofées à une humidité froide. Je donnerai inceffamment le réfultat de mes nouvelles expériences à ce fujet, à moins que l'Auteur de l'Analyfe ne veuille encore s'en emparer : alors il n'y aura plus que fon explication à éclaircir.

DE L'AMIDON.

LA connoiffance de l'amidon étoit encore bien imparfaite, quand Beccari imagina d'examiner le grain qui en contient le plus. Celui qui ouvre une nouvelle route, ne fçauroit tout applanir. Il reftoit donc d'autres expériences à tenter, pour parvenir à ce que nous

ſçavons maintenant ſur cette matiere :
pour moi, je me ſuis attaché à la conſi
dérer ſous deux points de vue ; d'abord,
comme le principe nourriſſant des végétaux farineux, & enſuite comme objet
de luxe. Voyez *Récréations chymiques de
Model*, pag. 488 & ſuiv.

Pour ne donner qu'un extrait de l'Art
de l'Amidonnier, que M Duhamel a
publié en 1774, art dont j'avois déja
donné la théorie dans l'*Examen des pommes de terre*, pag. 164, il étoit bien
inutile que M. Sage fît les frais d'un
article entier & ſéparé. Mais il falloit,
par une collection aſſez variée, dé-
tourne l'attention de l'objet principal,
à la faveur d'un grand nombre de choſes
inutiles, étrangeres & ſuperflues : il falloit publier un ouvrage dont la marche
fût conforme au goût d bien des gens,
qui ne s'inſtruiſent que par extrait, &
ne liſent que par déſœuvrement. Cependant, tout en copiant M. Duhamel, il ne
falloit pas faire dire à cet illuſtre Académicien ce qu'il n'a jamais dit, ni dû dire :
par exemple, que *l'eau ſure ſert à déta-
cher l'amidon de la partie corticale*, pag.
16, puiſque, la fermentation une fois

finie, l'eau qu'on emploie enfuite & qui devient acide, ne fert abfolument qu'à favorifer la précipitation de l'amidon nageant fur le fon & non adhérent. M. Duhamel indique même l'ufage de cette eau fûre, pag. 5, *Fabrique de l'amidon.* Comment ce paffage a-t-il pu échapper aux recherches multipliées de M. Sage, qui croit que l'Amidonnier met tout bonnement dans fon tonneau les recoupes ou les gruaux, fans y ajouter en même temps un levain propre à y établir & à accélérer la fermentation ? comme fi le Boulanger pouvoit faire fans levain du pain fermenté; comme. fi les Braffeurs & les Bouilleurs n'en avoient pas befoin également pour préparer la bierre & l'eau-de-vie. Cette addition à la vérité, qui eft abfolument néceffaire en hiver, ne l'eft pas autant en été. La fubftance acide dont font imprégnées les douves des tonneaux qui ont déja fervi, eft fuffifante pour équivaloir au levain. Il auroit fallu faire au moins cette derniere obfervation, puifqu'il s'étoit rectifié, pag. 24. Comme l'Auteur de l'Analyfe a beau champ pour donner un jour de l'étendue & du développement

aux objets dont il n'a encore énoncé jufqu'ici que les titres , je crois que c'eft
lui faire plaifir d'extraire de mon Mémoire fur l'amidon , les détails qui concernent l'opération par laquelle on par-
vient à féparer des grains cette matiere,
afin qu'il fçach au moins ce qui fe paffe
réellement dans cette opération.

« L'ouvrier met dans les tonneaux,
» nommés *bernes* , les recoupes , les
» gruaux , ou les grains eux - mêmes
» groffiérement moulus : il ajoute en-
» fuite de l'eau, pour en former une
» efpece de bouillie , & fuffifamment
» d'eau sûre pour déterminer le muqueux
» fucré & la matiere glutineufe à paffer
» à la fermentation fpiritueufe & acide.
» Mais bientôt le mélange augmente de
» volume, & la liueur répandroit in-
» failliblement, fans l'attention que l'on
» a de ne pas tenir le tonneau tout-à-
» fait plein. L'acide qui réfulte de cette
» efpece de fermentation, diffout & fe
» combine avec la matiere glutineufe :
» alors l'amidon qui adhéroit à l'écorce
» des recoupes & des gruaux , dégagé
» de fes entravés muqueufes & gluti-
» neufes, nage fur cette écorce, comme

» fur une nacelle ; demeure fufpendu
» quinze jours, trois femaines, ou un
» mois, fuivant la faifon & la matiere
» que l'on traite : féparé après cela de
» fon eau & du fon, l'amidon ne tarde
» pas à fe dépofer : l'eau fûre & graffe
» étant décantée, on y fubftitue de l'eau
» claire à diverfes reprifes, pour le la-
» ver : on le change enfuite de tonneaux,
» au fond defquels il pourroit demeurer
» long-temps fans s'altérer, &c. »

Si l'Auteur de l'Analyfe veut bien fe
tranfporter dans l'attelier d'un Fabriquant d'amidon, pour fuivre & voir de
près tous les procédés de cet art, & que,
pour s'inftruire, il daigne converfer
avec les ouvriers eux-mêmes, il verra
fi tout ce que je viens d'expofer, n'eft
pas conforme à la vérité ; il verra fi l'a-
midon n'eft pas un produit de la nature.
Il eft vrai qu'un peu plus loin, il annonce l'exiftence de l'amidon, tout formé dans la farine, exiftence reconnue
par Beccari, MM. Keffelmeyer & Touvenel, & que j'ai démontrée dans des
plantes où on ne le foupçonnoit pas.
Voyez mon *Mémoire fur les végétaux
nourriffans*, pag. 35. L'expérience que

M. Sage emploie pour retirer l'amidon de la farine, pag. 18, eſt décrite dans l'*Examen des pommes de terre*, pag. 83. Mais comme il ne ſe rappelle plus qu'à la page 14, il a avancé que ſi on mêle la ſubſtance glutineuſe avec la matiere ſucrée & extractive retirée de la farine, la ſubſtance glutineuſe ne ſe putréfie pas, il dit tout le contraire, pag. 19; ſçavoir, que l'une ſe putréfie à côté de l'autre, qui s'aigrit. Mais toutes ces petites inadvertences ſont des miſeres; on doit les pardonner à quiconque ne répete que ce que les autres ont fait dans des vues différentes.

Il y a grande apparence que M. Sage n'admet aucune différence entre l'amidon du commerce, c'eſt-à-dire, celui qui a été retiré par la voie de la fermentation & des grands lavages, & l'amidon obtenu de la farine par le moyen qu'il indique, d'après tous les Auteurs mentionnés. Car ſi l'expérience qu'il rapporte, pag. 19, avoit été faite ſur de l'amidon du commerce, il ſe ſeroit ſans doute apperçu que l'altération n'eſt ni auſſi prompte, ni auſſi marquée ; il auroit vu qu'en le diſtillant à la cornuë,

on en obtient de l'alkali volatil , tandis
que celui du commerce n'en fournit abfolument point, diftillé de la même maniere ; que le charbon qui en réfulte,
s'incinere plus aifément que celui du
fon, du muqueux fucré & de la matiere glutineufe ; que l'amidon eft la
feule des parties conftituantes des graminés qui donne de l'alkali fixe par l'in-
cinération. Il ne parle pas de ce dernier
phénomene, pour lequel il a de l'indiffé-
rence, parce que de l'alkali fixe n'eft pas
du fel marin.

Lorfque Beccari diftilla l'amidon à
la cornuë, il avoit pour objet de comparer fes produits avec ceux de la matiere
glutineufe. Mon intention, en répétant
cette expérience, étoit de m'affurer jufqu'à quel point l'amidon de pommes de
terre étoit femblable à celui du bled. A
préfent, fi on demandoit à M. Sage
pourquoi & dans quelles vues il a diftillé
également à feu nud l'amidon, il r pon-
droit fans douté avec affurance qu'il
s'eft expliqué, on ne peut mieux, à ce
fujet, pag. 20, & que fon intention
étoit de montrer que les parties inté-
grantes de cette matiere étoient analo-

gues à celles du sucre, qui, soumis à
la même distillation, offre les mêmes
résultats. Mais il est fâcheux que tous ces
détails aient été donnés quatre ans avant
lui. Voyez mon Mémoire sur les végétaux nourrissans, pag. 25 & suiv. Il est
fâcheux que M. Rouelle, qui a traité
également cet objet, en montrant l'iden-
tité des produits de l'amidon, non-seulement avec ceux du sucre, mais encore
de la manne, du miel & du sucre de
lait, les lui ait appris dans le Journal de
Médecine du mois de Mars 1773. M.
Sage dira peut-être que le hasard l'a conduit à ces expériences : mais pour les
rendre, ces expériences, le hasard four-
nit-il les mêmes expressions ?

J'ai dit au commencement de cet article, que tout le travail de l'Amidonnier consistoit à faire aigrir la matiere
farineuse, pour en dégager l'amidon
qui s'y trouvoit; les atteliers dans les-
quels se fait cette opération le prouvent
d'assez loin par l'odeur acide qu'ils exhalent, odeur semblable à celle dont on
est frappé en entrant dans une laite-
rie : mais nos sens, accoutumés depuis
des siécles à cette odeur acide, atten-

doient, pour être détrompés, les expériences de M. Sage, qui prétend que la fermentation néceſſaire à la ſéparation de l'amidon des recoupes & des gruaux, n'eſt plus acide, qu'elle eſt au contraire ſpiritueuſe, & que l'odeur dont il s'agit eſt vineuſe. L'Auteur, pour démontrer cette vérité, qu'il croit d'autant plus importante à être développée, qu'elle intéreſſe, en partie, la nourriture des cochons, à employé dix pages de ſon Mémoire à cet effet.

Dans l'examen que j'ai fait des différentes liqueurs qui réſultent du travail des Amidonniers, page 137, *Examen des pommes de terre*, j'ai démontré que ces liqueurs étoient de nature acide. Il eſt difficile, en effet, de refuſer d'en convenir, car, en les goûtant, elles impriment toutes ſur la langue une ſenſation manifeſtement acide; elles nettoient & corrodent les vaſes de métal dans leſquels elles ſéjournent peu de temps; elles gelent à la maniere des acides, c'eſt-à-dire, qu'elles préſentent des lames qui n'ont pas de continuité; elles rougiſſent les teintures bleues des végétaux, & ſi elles ne ſont pas une efferveſcence

senfible avec les alkalis , c'eft non-feulement à caufe de leur état gras & huileux , mais encore parce que l'acide
qui s'y trouve eft extrêmement délayé
& affoibli.

Si l'on mêle trois à quatre gouttes de
vinaigre dans un verre d'eau diftillée ,
& que l'on verfe fucceffivement de ce
mélange fur de l'alkali fixe , du fyrop
de violettes & de la teinture de tournefol , le fyrop de violettes ne chan-
gera pas de couleur ; l'alkali fixe ne fera
aucune effervefcence , tandis que la couleur du tournefol paffera promptement
au rouge. M. Sage ignoreroit-il qu'il n'y
a point de pierre de touche plus fûre
pour decouvrir les acides , quelque part
où ils exiftent , pourvu qu'ils foient li-
bres , que la teinture de tournefol ?

Pour m'affurer cependant de la quantité de liqueur fpiritueufe que contenoit
l'eau graffe des Amidonniers , & fçavoir
en même-tems pourquoi M. Sage n'étoit
pas parvenu à l'enflammer , je mis dans
un alembic douze pintes de cette liqueur,
que je diftillai , en donnant promptement le dégré bouillant : la premiere
portion de liqueur qui paffa , fut mife

à part; il y en avoit une chopine: j'en retirai une feconde, & dès qu'il y en eut à-peu-près encore une chopine, je difcontinuai la diftillation.

Après avoir réduit le premier produit à moitié, par une rectification, j'ai cherché à voir s'il contenoit quelque chofe de fpiritueux: d'abord je l'ai goûté; il avoit une faveur acidule particuliere, & étoit femblable, pour l'odeur, à celle qu'a ordinairement le réfidu de la diftillation de l'eau-de-vie. Le fecond produit étoit acide & pas davantage: cela ne m'a pas empêché de foumettre la premiere de ces deux liqueurs aux expériences fuivantes.

J'ai verfé deux onces de cette liqueur rectifiée dans une phiole à long col, que j'ai placée fur les charbons ardens: dès que l'évaporation a commencé à fe faire, j'ai préfenté à l'orifice de la phiole une bougie; mais la vapeur, loin de s'enflammer, éteignoit la bougie: cet effet a été plus marqué, lorfque la liqueur eft devenue bouillante.

J'ai mêlé pareille quantité de cette liqueur avec autant d'huile de vitriol

Concentrée, & j'ai diftillé : le produit qui s'eft trouvé dans le ballon, après l'opération faite, étoit acide & nullement éthéré. Pour m'en convaincre, j'ai mis ce produit dans une phiole à long col, qui avoit fervi à l'expérience précédente ; j'ai préfenté également une bougie allumée : lorfque l'évaporation a commencé la bougie s'eft éteinte, & la vapeur n'a pas pris feu.

Ce défaut de fuccès, loin de me décourager, m'anima davantage ; je foupçonnai d'abord que je n'avois pas employé affez d'eau graffe dans la diftillation, que j'aurois peut-être dû changer de récipient, lorfqu'il y auroit eu un demi-feptier de liqueur de paffé : ainfi, au lieu de n'employer que douze pintes d'eau graffe, comme dans le premier effai, j'en ai pris tout de fuite cinquante pintes, & j'ai diftillé à grand feu. Dès que l'ébullition a été établie dans la chaudiere, j'ai mis à part le premier demi-feptier de liqueur qui avoit paffé, & j'ai pourfuivi la diftillation jufqu'à ce que j'euffe encore le double de liqueur : alors je l'ai arrêté pour examiner mes deux produits : la premiere chofe a été de les rectifier, & de réduire l'un & l'autre à la moitié.

J'ai pris la moitié de ma liqueur rectifiée, que j'ai soumife à l'expérience de la phiole pour l'enflammer, & la vapeur a pris feu : j'ai combiné l'autre avec l'acide vitriolique concentré, & j'ai obtenu un éther que j'ai également enflammé.

Quelque foible que foit en fpiritueux une liqueur quelconque, le moyen fimple dont je parle eft infaillible pour le découvrir. Il auroit été intéreffant que M. Sage le connût pour le mettre en ufage ; mais il étoit naturel qu'il l'ignorât, puifque, parmi les Chymiftes qui s'en fervent journellement avec fuccès, aucun, que je fçache, ne l'a encore publié. D'ailleurs, quand il l'auroit connu, ce moyen, fa liqueur prétendue vineufe ne pouvoit contenir du fpiritueux ; il avoit employé trop peu de matiere : de plus il avoit obtenu fa liqueur *au plus léger dégré de feu.* Le bain-marie ou le feu nud feroient-ils, fuivant lui, deux moyens qu'on pourroit employer indifféremment à la diftillation

tion des liqueurs vineuſes, pour faire l'eſprit ardent?

· Il réſulte de toutes ces expériences, que l'eau graſſe des Amidonniers, contient à-peu-près deux ou trois onces de ſpiritueux foible par cinquante pintes ; que ce ſpiritueux eſt auſſi inflammable que les autres eſprits ardens, au même dégré de ſpirituoſité ; qu'on en fait également de l'éther lorſqu'on le combine avec l'acide vitriolique concentré : mais on remarquera qu'il n'y a point de liqueur réſultante de la fermentation acide, qui ne contienne encore plus ou moins de ſpiritueux : le vinaigre lui-même n'en offre-t-il pas un exemple ? d'ailleurs il faut obſerver que la totalité du muqueux ſucré ne fermente pas à la fois : la premiere partie eſt ſouvent au troiſieme dégré de la fermentation, quand la derniere eſt à peine ſpiritueuſe. Enfin, il n'eſt pas d'opération de la nature & de l'art, qui ne ſe faſſe ſucceſſivement & par dégré, ſoit en compoſant, ſoit en décompoſant.

La fermentation, inſtrument principal du travail de l'Amidonnier, n'eſt donc pas fpiritueufe ; les eaux qui en réfultent font donc acides ; l'eau graffe, le gros noir n'enivrent donc pas les cochons, ils les nourriffent feulement, les engraiffent & les raffafient ; & fi, après avoir fatisfait la groffiereté de leurs appétits, & rempli la grande capacité de leurs eftomacs de gros noir, ils font gais & ·chancelans, comme M. Sage dit l'avoir obfervé, c'eft qu'ils font faouls & non ivres. Si l'Obfervateur s'étoit trouvé en automne au débouché d'une forêt, lorfque les cochons reviennent de la glandée, il n'auroit pas manqué d'avancer qu'ils étoient ivres, & que le gland contenoit vraifemblablement du fpiritueux. Je conviens que dans ce fruit, comme dans le gros noir, l'efprit s'y trouve potentiellement, pour me fervir du langage de l'école : mais y exifte-t-il réellement ? Je vais terminer cet article par rapporter ce qui a donné lieu à la remarque de M. Sage.

Il y a une douzaine d'années qu'un Charlatan Amidonnier (dans quel état n'y en a-t-il point !) courut les atteliers de la Capitale & des Provinces, pour montrer, difoit-il, aux Fabriquans à tirer un parti plus avantageux qu'ils ne faisoient de leurs eaux grasses. Suivant lui, ces eaux renfermoient des choses merveilleuses, entr'autres; un élixir qui avoit la propriété d'enivrer les cochons. Il eut l'adresse de faire quelques dupes; mais ceux que l'expérience avoit instruit, virent bientôt le degré de confiance que ce Charlatan méritoit, & avertirent leurs crédules Confreres des piéges qu'il leur tendoit. J'ai oui dire souvent au sieur Molinet, Amidonnier estimable, chez lequel j'ai suivi tous les détails de sa fabrique, qu'il seroit bien à desirer qu'on leur montrât les moyens de séparer l'amidon du gros noir, dans lequel on ne peut se dissimuler qu'il en reste encore une certaine quantité.

Si je me suis arrêté un peu sur ces détails, c'est que j'ai cru qu'il étoit bien important de prouver au public que les eaux sûres & grasses des Amidonniers n'étoient pas vineuses, & que la quantité de spiritueux qu'on en retiroit par la distillation, au terme de l'eau bouillante, alloit, tout au plus, à une pinte par tonneau. Combien de gens à pro-

jets, qui, lifant ce que M. Sage a avancé à ce fujet, pourroient entraîner dans
des dépenfes ruineufes, une Compagnie, fous le fol efpoir de trouver dans
trois cents muids d'eau graffe, & peut-
être plus, que l'on jette chaque jour,
de quoi bénéficier immenfément. Je
veux croire que l'Auteur de l'Analyfe
n'auroit point avancé toutes ces affertions, s'il eût préfumé qu'elles puffent
avoir de pareilles conféquences.

DE LÀ FARINE DE FROMENT.

LA farine eft une poudre végétale,
qui contient en plus ou moins grande
quantité les différentes parties dont eft
compofé le grain d'où elle provient :
celle du bled, par exemple, quelque
blanche qu'on la fuppofe, renferme
cependant toujours une portion de fon,
qui s'eft réduite en poudre affez fine,
pour s'y trouver confondue d'une ma-
nière imperceptible ; mais qu'on apperçoit aifément au fond de l'eau où
l'on délaie la farine : ainfi, on peut dire

que les farines diffèrent entr'elles, non-
seulement par rapport au bled auquel
elles appartenoient , mais encore en
raison du son qui s'y trouve. M. Sage
n'admet de son que dans la farine qui
résulte de la mouture économique , &
j'en suis cause en partie, parce qu'à la
page 130 de l'*Examen des pommes de
terre* , j'ai avancé que par la mouture
économique , on avoit davantage de son
dans la farine. Une étude plus appro-
fondie de cette méthode de moudre ,
& la comparaison que j'ai eu occasion
de faire de ses produits avec ceux , des
autres moutures pratiquées dans le
Royaume , me font donner la préférence à la mouture par économie. J'ai vu
d'ailleurs tous les détails qui concernent
cette opération, dans un ouvrage dont le
Roi vient d'agréer la dédicace , où l'on
prouve que, loin que *ce soit l'art de faire
manger le son avec la farine*, c'étoit, au
contraire, l'art de faire la plus belle farine , d'en tirer la plus grande quantité
possible, d'écurer les sons sans les réduire en poudre , & de les séparer des
farines par le moyen d'une bonne bluterie. J'avoue que je m'étois trompé à

cet égard : j'invite M. Sage, qui a copié mon erreur, à en faire autant lorfqu'il publiera une nouvelle édition de
fon Mémoire : *Errare humanum eft.*

Il en eft des farines comme des vins ;
ce n'eft qu'à l'aide d'organes sûrs, exercés & bien dépouillés de préjugés, qu'il
eft poffible d'en faire un bon choix :
leur entiere connoiffance eft cependant
bien effentielle à ceux qui en font le
commerce, puifque les précautions ou
les moyens qu'ils mettent en ufage,
foit pour la confervation , foit pour
l'emploi de ces deux matieres précieu-
fes , dépendent la plupart du temps,
de la faifon & du pays qui les a produits , comme auffi de l'état où ils fe
trouvent. Les Marchands de vin & de
farine font même obligés d'avoir recours à des mélanges qui n'ont de réuffite qu'autant qu'ils font affortis , proportionnés & fondés fur la nature des
fubftances qui en font l'objet. Quand
je dis de faire des mélanges, je fuis
bien éloigné de prétendre qu'il faille
affocier la farine d'un bon grain à celle
d'un autre qui feroit décidé mauvais ;
ou bien un vin généreux avec un vin

qui viſeroit à la fermentation acide.
Mais il eſt conſtant qu'en mêlant deux
bleds d'une qualité médiocre, il en
réſulte ſouvent une farine qui feroit de
beaucoup meilleur pain , & en plus
grande abondance, que la farine des
mêmes bleds, priſe ſéparément.

On ne peut bien juger de la bonne
ou mauvaiſe qualité des bleds , que
pour les avoir vus dans les différens
états , pour les avoir examinés en différentes ſaiſons , & les avoir ſuivis juſqu'au moulin , & chez le Boulanger.
Je ne puis me diſpenſer de revenir encore ſur cet objet , vû ſon importance.
Comment M. Sage , qui, ainſi qu'il a
déja été dit , a prononcé ſur tous les
bleds viciés, pour en avoir eu un ſeul
ſous les yeux , s'eſt-il conduit de la même maniere à l'égard des bons bleds ?
J'avoue, quant à moi , qui m'occupe
ſérieuſement depuis ſix années de l'examen chymique des bleds & des farines,
que je ne me flatte pas d'avoir encore
acquis aſſez de lumieres pour décider,
avec autant de confiance & de certitude, une matiere auſſi délicate. D'ailleurs, ce ne peut jamais être qu'avec

le concours des Médecins les plus éclairés. M. Cadet, de l'Académie Royale
des Sciences, confulté, il n'y a pas
long-temps, par le Gouvernement, fur
l'objet des farines, plutôt que de s'en
rapporter à fes propres lumieres, dans
cette partie, eut l'honnêteté & la délicateffe de me défigner, en ajoutant qu'il
ne connoiffoit perfonne qui pût mieux
répondre aux queftions propofées.

Lorfque M. Sage fut propofé au
Miniftre, pour l'examen de mon travail fur l'amélioration du pain, il n'a-
voit pas la plus petite notion fur la
matiere qui en eft l'objet; le bled & les
farines lui étoient abfolument étrangers : auffi les premiers pas qu'il fit
dans cette carriere, offrirent-ils à fa
vue étonnée, des phénomenes finguliers
& extraordinaires. Après avoir délayé
de la farine dans de l'eau, & avoir éva-
poré celle-ci, il trouva une matiere
fucrée, qu'il ne foupçonnoit pas exif-
ter dans le bled. Tout Paris fut bientôt inftruit de la découverte. Un homme de Lettres, qui cultive la Chymie,
& que je rencontrai, crut me faire plaifir, en m'apprenant cette découverte,

qui faifoit déja beaucoup de bruit. Le hafard voulut que j'euffe dans la poche la nouvelle édition de la Chymie hydraulique: pour réponfe, je lui en fis lire l'avertiffement, où je dis à la huitieme ligne, que « j'efpérois achever » des expériences que j'avois com- » mencées, 1°. fur le fucre qui exifte » tout formé dans les graminés & les lé- » gumeux. » Je ne dirai pas les réflexions que cette circonftance fit naître à la perfonne éclairée que je détrompai.

La premiere fois que je rencontrai le fucre dans la farine de froment, je n'en ai été nullement furpris, puifque c'eft une loi en Chymie, que toutes les fois que l'on voit un corps végétal paffer à la fermentation fpiritueufe, on en conclut, qu'il contient une matiere fucrée. Voyez les *leçons de Chymie, relatives aux Arts & au Commerce, par M. Shaw*. Voyez encore les *obfervations aux Récréations chymiques de Model*, 2ᵉ. vol. pag. 571, où je dis que » la pri- » vation du muqueux fucré eft un obf- » tacle à ce que ces racines paffent à » la fermentation fpiritueufe. » Et dans

la note (9), *pag.* 53 *de la Chymie hy-*
draulique de M. le Comte de Lagaraye:
j'ajoute, « il n'y a abfolument que le
» muqueux fucré qui foit fufceptible de
» la fermentation fpiritueufe, car tout
» corps qui en eft dépourvu, ne peut,
» par quelque moyen que ce foit, offrir
» un pareil phénomene. »

D'ailleurs, les grains, avant de parvenir à leur maturité, ou lorfqu'ils ont
fubi la germination, ne font-ils pas fen-
fiblement fucrés? Toutes ces confidéra-
tions fuffifoient bien pour m'empêcher
d'annoncer cela comme une découverte; auffi ne m'attacherai-je qu'à bien
diftinguer cette matiere fucrée de l'a-
midon, avec lequel on l'avoit confondue jufqu'alors, en la défignant, tantôt
fous le nom de muqueux fapide, comme dans mon Mémoire fur les végétaux
nourriffans, tantôt fous celui de mucilage fermentifcible, & d'extrait fucré,
dans l'Examen des pommes de terre,
& enfin, fous celui de muqueux fucré
dans les obfervations ajoutées aux Récréations chymiques de Model, ainfi
que dans nos notes à la Chymie hydraulique.

(91)

Ne croiroit-on pas, à entendre
M. Sage, qu'il eſt très-aiſé de ſéparer
les parties conſtituantes de la farine, &
d'en déterminer les proportions reſ-
pectives? Rien, à mon avis, n'eſt plus
difficile : j'en ai expoſé les raiſons dans
mon ſecond Mémoire ſur les farines
gâtées. Cependant l'Auteur de l'Analyſe,
qu'aucune difficulté paroît n'arrêter, &
qui franchit tous les obſtacles, avance
en note, pag. *6* : *j'ai retiré d'une livre
de farine onʒe onces deux gros d'amidon, quatre onces de ſubſtance glutineuſe élaſtique, & ſix gros, tant de matiere ſucrée que de matiere extractive.*
Prouver que l'expérience n'a pas été
faite, ce ne ſeroit rien apprendre au
Lecteur, qui, en réfléchiſſant ſur la note, m'aura devancé, en devinant ce
qui en eſt; mais dire de quelle maniere il falloit s'y prendre, pour en
venir à bout, ne pas oublier les diffi-
cultés qui s'oppoſent à ce qu'on ait des
réſultats juſtes & précis dans cette cir-
conſtance, voilà, ſur-tout, ce que je me
propoſe d'éclaircir & de développer.

On ne ſçait pas d'abord de quelle eſpece de farine M. Sage ſe ſert dans ſes

expériences, fi c'eſt la farine de bled, la
farine de gruau ou de petit gruau. Il n'a
en aucun endroit de ſon Mémoire l'attention de nous l'indiquer ; mais enfin,
il a obtenu trois produits, & le moyen
qu'il a employé pour cela, eſt tellement
adapté & parfait, qu'il n'en a pas perdu
un petit grain. Cependant, l'eau combinée avec la matiere ſucrée, la matiere
extractive & la ſubſtance glutineuſe,
apporte néceſſairement un poids, il y a
au moins une augmentation de deux onces, puiſque la ſubſtance glutineuſe,
ſur-tout, pour être remiſe ſous la forme
qu'elle a étant répandue dans les farines,
éprouve un déchet, au moins de moitié. Je ne crois pas que M. Sage, pour ſe
tirer cette fois-ci d'embarras, prétende
jamais que toutes ces matieres, où j'ai
démontré ſi ſouvent leur combinaiſon
avec l'eau, exiſtent ainſi dans les farines ; car alors il ſe trouveroit dans un
autre embarras, & auroit à nous expliquer, par quel phénomene les farines
peuvent avoir le toucher doux ; ſi elles
contiennent des corps, dans l'état tenace, viſqueux & extractif ; comment
elles ne ſont pas plutôt pelotonnées que

d'être pulvérulentes; comment enfin elles auroient la faculté de se conserver, en été, huit jours seulement. M. Sage se rappellera même que c'est l'objection que j'ai pris la liberté de lui faire à l'Académie , lorsqu'il m'interrompit , en avançant que la matiere glutineuse, que je disois être la partie la plus dure & la plus séche du bled , étoit , au contraire, très-humide. Montrons, à présent, de quelle maniere il falloit s'y prendre , pour faire l'expérience dont il est question.

Dans la vue de mettre à part les différentes parties constituantes de la farine, pour avoir quelque certitude sur leur proportion respective, l'Auteur de l'Analyse auroit dû , ce me semble, employer trois moyens ; commencer d'abord par former une pâte avec une livre de farine, afin d'extraire, suivant la méthode que j'ai indiquée, la matiere glutineuse , en observant de ne faire cette extraction que deux heures après la pâte formée , parce que je crois avoir remarqué que, pendant cet intervalle, l'eau a le temps de se combiner avec la matiere glutineuse , qui , une fois devenue élaſtique , n'eſt plus expoſée à ſuivre , ſous l'état pulvérulent , l'amidon dans l'eau : cette matiere glutineuſe étant bien lavée , il auroit fallu la faire ſécher avec ſoin , ainſi que je l'ai recommandé , pag. 103 , *Examen des pommes de terre* , où je dis : « La » ſubſtance glutineuſe , ſéchée ſans pré- » caution , comme je viens de le dire , » reprend également , à l'aide de l'eau » & de la trituration , l'état glutineux » & élaſtique , mais non pas ſemblable » à celui qu'elle avoit auparavant d'ê- » tre altérée & deſſéchée ; ſa tenacité eſt » beaucoup moindre , & l'odeur n'eſt » pas celle de la pâte. » Je cite ce paſ-ſage , non pour prouver que M. Sage m'a encore copié ; mais il a tant de rapport avec ce que j'ai déja rapporté pag. 41 de cette Diſſertation , que je n'ai pu me diſpenſer de le placer ici.

Le ſecond moyen conſiſtoit à prendre une autre livre de la même farine , à la délayer dans deux pintes d'eau diſtillée tiede , à verſer le mélange dans un vaſe cylindrique , très-étroit , à décanter l'eau , dès que celle-ci eſt devenue claire , & que la matiere fari-

neufe s'eft dépofée ; à ajouter de nouvelle eau tiéde jufqu'à trois ou quatre
fois, pour diffoudre & extraire le plus
poffible de muqueux fucré ; enfin, à
réunir toutes ces eaux fur des affiettes,
& à les évaporer promptement, pour
obtenir ce qu'elles contiennent de foluble.

Le troifieme & dernier moyen pour
achever cette expérience , c'étoit de
foumettre une nouvelle quantité de la
même farine au travail de l'Amidonnier,
& de retirer, par cette méthode, tout
l'amidon qui s'y trouvoit contenu : ainfi ces trois produits obtenus, chacun féparément, fans feu ni aucun agent def-
tructeurs, pefés & comparés entr'eux,
auroient inftruit des pertes que cette
expérience doit néceffairement occafionner. J'ai promis, qu'après avoir
détaillé les moyens à employer pour
féparer les parties conftituantes des farines, je ferois voir combien il étoit
difficile d'établir quelque chofe de précis
fur cet objet ; tachons de remplir tous
nos engagemens.

D'abord , l'eau employée aux trois
différentes opérations que nous venons

de décrire, eft le diffolvant, non-feulement du muqueux fucré , mais encore de
la matiere glutineufe : il s'enfuit que
cette derniere ne fçauroit être extraite
des farines, fans éprouver quelque déchet, parce que, malgré toutes les précautions, il n'eft pas poffible que l'eau
n'en diffolve, comme je l'ai déja dit, à
la faveur du frottement, & qu'il ne s'en
trouve une portion de confondue avec
l'amidon , dans l'état pulvérulent. Le
muqueux fucré, par conféquent, n'eft
donc pas pur : outre le fucre & l'extrait
dont il eft compofé, il contient encore
de la matiere glutineufe; il eft impof-
fible, en outre, de féparer tout ce qu'une
farine en contient ; une partie eft tellement combinée avec l'amidon, qu'il n'y
a que le travail de l'Amidonnier qui
puiffe en venir à bout: mais alors il eft
décompofé; l'amidon n'eft pas auffi fec
dans le grain, que quand il fe trouve
débarraffé de fes liens, & tel que l'A-
midonnier nous le préfente: de plus, ce
Fabriquant ne peut obtenir la totalité
de cette fécule, parce qu'il y en a toujours un peu qui demeure attachée obftinément avec l'eau graffe, ou le gros

noir,

noir, d'où il n'a pas été poſſible, juſqu'à préſent, de la ſéparer. Rien n'eſt
donc plus difficile que de déterminer
préciſément la proportion des parties
conſtituantes de la farine.

Que doit-on conclure de tout ceci ?
que M. Sage n'a pu faire l'expérience qu'il
a décrite à la page 10 ; que peut-être il
l'a tentée, mais qu'il n'en eſt pas venu à
bout ; que l'exactitude qu'il annonce
par l'ordre de ſes réſultats, eſt arrange-
ment de cabinet ; que ſes tableaux de
produits de la diſtillation à la cornuë,
dans leſquels tout eſt compaſſé, juſqu'à
un grain, comme s'il s'agiſſoit d'eſſais
de mine, où un grain repréſente ordinairement des livres, & où le manque
de préciſion peut influer ſur la fortune
des particuliers, en ſont les preuves les
plus marquées ; puiſque la plupart de ces
tableaux contiennent des erreurs de cal-
cul, qui font tort à la préciſion qu'il état
le. Voyez pag. 72 & 76. Je ſçais bien qu'il
aura encore les reſſources de l'Impri-
merie, & qu'il nous dira qu'on a publié
ſon Mémoire ſans ſa participation, &
que, par conſéquent, il n'a pas revu
les épreuves : mais dans tout cela, le mal-

G

heur eſt qu'on n'en croira abſolument rien.

Arrivé à la décompoſition de la farine de froment par le moyen du feu nud , l'Auteur de l'Analyſe parle de l'inſuffiſance de ce moyen; parce que j'ai dit dans la nouvelle édition de la *Chymie hydraulique de M. le Comte de Lagaraye* , page 71, note (*p*) : « on » ſçait depuis quelque temps combien la » diſtillation à la cornuë eſt inſuffiſante » pour déterminer la nature & les pro» priétés des corps qu'on y ſoumet.» Et plus loin : « auſſi les Chymiſtes mo» dernes les plus inſtruits, comparent» ils l'analyſe des végétaux par la vio» lence du feu , à la fermentation : les » produits en ſont preſque tous ſembla» bles. Une ſubſtance douce , alimen» taire ; une ſubſtance âcre & vénéneuſe, » préſentent abſolument les mêmes ré» ſultats. » Puiſque M. Sage reconnoiſſoit la vérité de mes réflexions à ce ſujet, par quelle néceſſité emploie-t-il partout le moyen qu'il blâme? Nous voilà bien inſtruits, par exemple, quand il nous dit que le châtaignier donne à la cornuë de l'acide , de l'huile légere , de l'alkali volatil & du charbon, puiſque la paille

fournit les mêmes produits ! Il avoit une
occasion de justifier sa contradiction,
en montrant que quelquefois ce moyen
de décomposer les corps , pouvoit servir à caractériser leur analogie. Le sagou
& la cassave ne donnant pas d'alkali volatil , il auroit pu en conclure que ces
deux substances n'étoient que de l'amidon. Mais il falloit annoncer bien des
objets , beaucoup de titres , & mettre à
la fin des tableaux de produits , pour
grossir le Mémoire.

A vant de chercher à m'assurer si les
pommes de terre séchées & pulvérisées ,
étoient en état de se convertir en pain ,
par les procédés ordinaires , j'essayai de
découvrir , par l'analyse à la cornuë , l'a-
nalogie qui existoit entre la farine de
froment & celle de ces racines. En conséquence , je les distillai , & je n'oubliai
pas de rapporter aucunes des circons-
tances qui accompagnoient leur distillation , & qui les distinguoient du froment : j'en donnai les détails , pag. 55
& 56 de l'*Examen chymique des pommes
de terre*, en ajoutant, pag. 57 : « ce qui
» prouve qu'à la fin de la distillation de
» la farine du froment, il passe de l'al-
» kali volatil, qui se combine avec l'a-

G ij

» cide contenu dans le récipient, &
» forme enfemble une efpece de fel am-
» moniacal. » Plus loin : « M. Rouelle,
» qui n'échappe rien, dans fes Cours
» publics ou particuliers, de tout ce qui
» peut concourir aux progrès de la Chy-
» mie & à l'inftruction de fes Auditeurs,
» a auffi examiné les parties conftituan-
» tes du froment : il a fait également
» cette obfervation, que la farine donne
» de l'alkali volatil vers la fin de la dif-
» tillation ; & il l'a féparé de fes produits,
» comme je l'ai fait fur de l'alkali fixe. »
M. Sage ne difconviendra pas que tout
ce qu'il dit, pag. 33, 34 & 35, ne foit
entiérement calqué fur les différens paffages que je viens de citer, & que, fi
nous différons l'un de l'autre, c'eft qu'il
a diftillé la farine de froment à la cornuë, fans fçavoir pourquoi, & qu'il a
dit que l'alkali volatil qui paffoit dans
la diftillation de la farine de froment,
étoit dû à la matiere glutineufe, tandis
que les parties du fon qui s'y trouvent
toujours confondues, en fourniffent
également, & que, s'il eût daigné foumettre à la même expérience fa matiere
fucrée, il auroit vu qu'elle donnoit
auffi, vers la fin de la diftillation, de

l'alkali volatil ; par la raiſon qu'on ne peut pas obtenir cette matiere, qu'elle ne ſe trouve combinée en même-temps avec un peu de ſubſtance glutineuſe. Dans la ſeule circonſtance où il auroit dû ſe ſervir de la cornuë, il ne l'a pas fait : cela ne l'empêche pas de dire par-tout que la matiere ſucrée ne donne que de l'acide, parce que le ſucre ne fournit pas d'alkali volatil : comme ſi ce ſel eſſentiel qu'on rencontre dans tous les végétaux, étant dépouillé de ſes matieres extractives & parenchymateuſes, pouvoit être comparé, dans ſon état de pureté, avec la ſubſtance muqueuſe qui le renferme. Que de preuves nous pourrions entaſſer ici, pour démontrer que M. Sage paroît avoir négligé l'étude de l'analyſe végétale !

RÉFLEXIONS SUR LE SON DE FROMENT.

AVANT de prononcer le mot *Son*, il convient, je crois, de bien prévenir que j'ai toujours eu en vue l'écorce extérieure du bled, ce parenchyme ligneux,

ce parchemin fibreux , qui fert de cou-
verture & d'enveloppe à la matiere farineufe ; & que , quand j'ai dit que le fon
n'étoit pas nutritif, c'eft lorfqu'il fe
trouve dépouillé de la farine, qu'il retient fans ceffe obftinément , quelle que
foit la mouture d'où il provient, & l'efpece de grain auquel il a appartenu ; en
forte qu'il ne peut y avoir nulle équi-
voque à ce fujet. Tout ce que j'ai même
expofé dans cette vue, eft fi clair, fi
détaillé, fi frappant , qu'il feroit très-
difficile à l'homme le moins verfé en ce
genre, de s'y méprendre. Je ne deman-
derai pas à M. Sage quelles font les raifons qui l'ont engagé à faire entendre
que je n'avois établi aucune de ces dif-
tinctions : je déclare cependant que je
n'ai rien oublié pour en faire fentir les
différentes nuances. Quelques paffages
de mon *Mémoire fur l'amélioration du
pain* , fuffiront pour en donner la preuve la plus inconteftable.

Pag. 21 : « Le fon eft donc une écorce
» dure , épaiffe, compacte & ligneufe,
» que la nature a douée du principe âcre
» & huileux, pour fe conferver plus
» long-temps , & mettre à l'abri le corps
» farineux qu'il renferme, des diverfes

» altérations de l'air, & des accidens qui
» peuvent s'oppofer au développement
» du germe & de l'accroiffement de
» l'embryon. Cette fubftance corticale
» eft liffe & jaune à fon extérieur; dans
» l'intérieur, au contraire, elle eft blan-
» châtre, inégale, & paroît compofée
» de plufieurs membranes ou pellicules,
» qu'on apperçoit aifément, foit en écra-
» fant le grain fous la meule, foit en le
» faifant gonfler dans l'eau chaude, &
» le féparant enfuite par le moyen d'un
» canif. Ces pellicules femblent avoir
» chacune des propriétés particulieres,
» en raifon de l'épaiffeur, de la couleur
» & de la place qu'elles occupent dans le
» grain. C'eft ce qui fait qu'on en diftin-
» gue ordinairement de trois efpeces,
» qui different entr'elles par la quantité
» de farine qu'elles retiennent toujours.»

Page 22 : « Comme le gros fon eft
» toujours le moins divifé, qu'il con-
» tient peu de farine, & que c'eft la par-
» tie de l'écorce la plus extérieure du
» grain, j'ai cru devoir le choifir de pré-
» férence pour mes expériences. Cela
» ne m'a pas empêché de foumettre aux
» mêmes effais le petit fon & les recou-
» pettes, dont les réfultats, quoique

» femblables , ont été moins fenfibles,
» en raifon de la quantité de farine qu'ils
» contiennent. »

Page 8 : « Le dernier fon , c'eft-à-
» dire, le remoulage ou les recoupettes,
» a fur-tout montré, dans fon analyfe,
» prefque toutes les propriétés de la fa-
» rine : ainfi il eft bien néceffaire de ne
» pas le confondre avec les autres fons
» dans l'ufage économique.»

Pag. 28, en parlant des recoupes &
des recoupettes : « j'ai obtenu les mê-
» mes réfultats, avec cette différence,
» qu'à la cornuë , ces efpeces de fons
» fourniffent plus d'acide & moins d'al-
» kali volatil; leurs décoctions étoient
» plus muqueufes & plus épaiffes , enfin
» qu'ils paffent avec moins de promp-
» titude à l'acidité & à la putréfaction;
» phénomene que l'on doit attribuer à
» une plus grande quantité de farine
» qu'ils poffedent , & à leur nature
» moins huileufe.

» Ibid. L'ufage dans lequel on eft , de
» temps immémorial , de faire manger
» le fon aux beftiaux , prouve affez qu'il
» eft doué de la faculté alimentaire, pro-
» priété due à la petite portion de fa-
» rine dont on ne fçauroit le dépouiller

» abſolument , plutôt qu'au ſon lui-mê-
» me , puiſque , plus le ſon approche
» des recoupettes , plus il poſſede de
» vertu nutritive , & que le gros ſon ,
» qui eſt le moins farineux, eſt auſſi le
» moins nourriſſant. »

Je ne finirois pas , ſi je rapportois ,
même en abrégé , tous les paſſages de
mon Mémoire,qui manifeſtent combien
je me ſuis expliqué clairement à ce ſujet. Il n'y a pas de chapitre , pas même
de page , où je n'aie développé quelque
choſe de relatif à cela. N'ayant aucune
arme pour me combattre , il falloit bien
eſſayer de me rendre ridicule. Pour tâ-
cher d'y parvenir , M. Sage fait un dernier effort : il m'a cité trois fois , & ,
dans la crainte qu'on me ſoupçonnât
d'avoir raiſon , il a mutilé mes phraſes ,
& leur a donné le ſens qu'il avoit intention qu'elles euſſent. Le Lecteur ne
pourroit pas le croire , ſi je ne lui en
mettois ſous les yeux les preuves les plus
authentiques , ſi je ne lui montrois juſqu'à quel point on a oſé altérer mon
texte. On ne peut douter enfin du
deſſein qu'on a eu d'être infidele , par la
précaution qu'on a priſe de guillemeter
les endroits cités.

Citations de M. Sage, pag. 51 de son *Analyse des bleds.*

Le son du bled & sa farine méritent la préférence sur le son & la farine des autres graminés. Ce seroit donc à tort qu'on regarderoit le son comme une substance indifférente, quoiqu'elle ne contienne pas une grande quantité de parties nourrissantes. Le son pourroit servir très-avantageusement, soit en décoction, soit en poudre fine, dans les pâtes qui ne levent pas aisément, dont les pains sont peu savoureux.

Page 132. M. Parmentier convient, ainsi que plusieurs Auteurs l'ont déja avancé, que le son rend le pain plus savoureux, plus aisé à être divisé par les sucs digestifs.

Texte de M. Parmentier, pag. 127 *de
*fon Examen chymique des pommes
de terre.*

*Les autres fons ont été foumis aux mé-
mes effais, & leur effet n'a rien montré
de femblable ; ce qui prouve encore que*
le fon du bled mérite, ainfi que fa farine, la préférence fur le fon & la farine des autres graminés. Ce feroit donc
à tort qu'on regarderoit le fon comme
une fubftance indifférente, quoiqu'elle
ne contienne pas une grande quantité
de parties nourriffantes. Elle pourroit
fervir très-avantageufement, foit en décoction, foit en fubftance, dans les pâtes qui ne levent pas aifément, dont les
pains font peu favoureux, *en ayant la
précaution fur-tout de le réduire en poudre
fine, & de n'en mettre qu'une certaine dofe.*

Page 132. Je conviens, ainfi que
plufieurs Auteurs l'ont déjà avancé,
qu'une PETITE QUANTITÉ de fon rend le
pain plus favoureux & plus aifé à être
divifé & diffous par les fucs digeftifs :
*mais il eft certain que trop de fon fait
tout le contraire.*

Je laiſſe au Lecteur à faire toutes les réflexions que peut lui inſpirer ce qu'il vient de lire : quant à moi, je ne m'en permettrai abſolument aucune. J'obſerverai ſeulement qu'ayant fourni à M. Sage tout ce qu'il y a dans ſon Mémoire, de conforme à la ſaine Chymie, à l'expérience & à l'obſervation ; & que lui ayant procuré la connoiſſance des bleds & des farines, je ne devois pas m'attendre qu'il chercheroit à me faire paſſer pour un homme variant dans ſes idées, & ſe contrediſant dans ſes expériences, lui qui les adopte ſans reſtriction. Mais continuons de prouver les obligations qu'il nous a.

Pour bien connoître le ſon, il n'y a pas de faces ſous leſquelles je ne l'aie enviſagé ; point de recherches que je n'aie tentées, pour m'aſſurer de ſes effets ; point d'expériences que je n'aie faites, pour en découvrir la nature & les propriétés. Je l'ai examiné dans les trois états : 1°. tel qu'il ſort de deſſous la meule , c'eſt-à-dire, avec la farine qu'il contient encore; 2°. dépouillé de cette farine par le moyen de l'eau, moyen qui m'a ſervi à évaluer la quantité qui s'y en trouve encôre, malgré la perfeſtion de la mouture ; 3°. enfin, privé de toute matiere extractive. M. Sage ne diſconviendra pas ſans doute, que j'aie fait différens extraits du ſon, & que j'ai eannoncé, que, par des décoctions répétées, il perdoit la moitié de ſon poids : il ne diſconviendra pas que j'aie ſoumis le ſon ainſi épuiſé à l'action des menſtrues acides, huileux & ſpiritueux : il ne diſconviendra pas que j'aie dit & prouvé qu'il paſſoit plus promptement à la putréfaction, lorſqu'il étoit dépouillé de ſa farine par les lotions ſeulement : il ne diſconviendra pas que j'aie diſtillé le ſon à la cornuë, & que chacun des produits a été ſéparé & examiné en particulier : il ne diſconviendra pas que j'aie expoſé dans le plus grand détail, l'analogie qui exiſte entre le ſon & la matiere glutineuſe : il ne diſconviendra pas que la plupart de ſes *alinéa* ſur le ſon, qui conſiſtent en trois ou quatre lignes, ne ſoient des extraits de pages entieres de mon *Mémoire ſur l'amélioration du pain,* & du *Supplément* qui y ſert de ſuite : enfin, il ne diſconviendra pas... mais je prie qu'on me pardonne encore quel-

ques citations; je me fuis impofé la loi
de ne rien dire que je ne le prouve.

Pag. 26 de mon Mémoire : « J'ai mis
» huit onces de fon dans une cornuë,
» & j'ai diftillé fuivant les regles de
» l'art. La premiere liqueur qui a paru,
» étoit blanchâtre, ayant l'odeur du
» phlegme que donne la graine de mou-
» tarde diftillée à feu nud; elle ne rou-
» giffoit ni ne verdiffoit la couleur du
» fyrop de violettes : il vint enfuite de
» l'acide & quelques gouttes d'huile.
» Ayant augmenté le feu & changé de
» récipient, j'ai obtenu en troifieme
» lieu une liqueur favonneufe, conte-
» nant de l'alkali volatil, tant combiné
» qu'à nud; puis de l'huile jaune, épaiffe
» & tenace, douée d'une odeur d'huile
» animale de Dippel.

« Le réfidu, qui pefoit deux onces,
» ayant été mis dans un creufet, pour
» être calciné, j'eus une peine infinie
» à l'incinérer, & à lui enlever cette
» fubftance phlogiftiquée, extrême-
» ment tenace, qu'on rencontre ordi-
» nairement dans le charbon de toutes
» les fubftances animales. Enfin, après
» l'avoir tenu quelque temps fur le

» feu , je le leffivai avec de l'eau dif-
» tillée , & la leffive rapprochée me
» préfenta , au lieu d'alkali fixe , des
» indices de fel marin , & une terre
» vitrifiable. »

Les premieres tentatives que j'ai faites fur la matiere glutineufe , avoient
pour objet principal de m'affurer fi véritablement cette matiere étoit due au
fon , ainfi que Model le dit , pag. 445 ,
2ᵉ. vol. *des Récréations chymiques.* Je
cherchai après cela à connoître les propriétés du fon , pour les comparer enfuite avec celles de la matiere glutineufe. Voyez pag. 473 & fuiv. du même ouvrage , & enfuite dans *le Mémoire fur l'amélioration du pain* , où je
dis , pag. 30. « En raffemblant les dif-
» férens phénomenes que le fon a pre-
» fentés dans l'analyfe que nous avons
» faite , il eft aifé de s'appercevoir qu'ils
» ont une reffemblance marquée avec
» ceux de la fubftance glutineufe &
» élaftique du froment. »

Page 60. « Quoique le fon ait quel-
» que reffemblance avec la fubftance
» glutineufe , il en differe cependant
» par des propriétés particulieres: cette

» partie corticale du bled n'étant pas
» susceptible de s'aglutiner par le
» moyen de l'eau, de se réunir en
» masse tenace, élastique, & de se dis-
» soudre dans aucunes menstrues, parce
» qu'elle contient vraisemblablement
» plus de terre & moins d'huile que la
» substance glutineuse, elle élude l'ac-
» tion des dissolvans, de la fermen-
» tation, de la cuisson, de la mastica-
» tion & de la digestion ; elle ne peut
» enfin se transformer ni acquérir de
» modifications par des combinaisons
» ultérieures : c'est du son dans le bled
» & la farine ; c'est du son dans le le-
» vain & la pâte ; c'est du son dans
» le pain ; c'est du son dans la bou-
» che & dans l'estomac, c'est du son
» dans les entrailles & dans les déjec-
» tions ; par-tout il jouit de ses pro-
» priétés ; les parties actives & solubles
» qu'il renferme, sont tellement adhé-
» rentes & combinées dans sa texture
» ligneuse, qu'il n'est pas possible de
» les en extraire sans des efforts violens
» & une certaine quantité de véhicule ;
» ce que nous aurons occasion de voir
» plus en détail dans la suite de ce Mé-
» moire. »

Après

Après avoir abandonné à l'air, du
fon que j'avois dépouillé, par le moyen
de l'eau, de toute la farine qu'il contenoit, j'ai vû qu'il paſſoit encore à la
putréfaction, moins vîte, à la vérité,
qu'auparavant ; & je dis, pag. 4, *Supplément au Mémoire ſur l'amélioration
du pain* : « On me permettra d'inter-
» rompre ici l'analyſe du fon, pour
» haſarder quelques réflexions. J'attri-
» bue l'odeur putride qui ſe développe
» dans l'expérience précédente, à la
» matiere glutineuſe, dont la préſence
» eſt très-ſenſible, & paroît ſous la for-
» me de petits filets, après que le fon
» a été dépouillé de la farine, par le
» moyen de l'eau, & qu'on l'a ſoumis
» à la preſſe : cette odeur diſparoît à
» meſure que la matiere qui l'a pro-
» duite, ſe trouve détruite par la putré-
» faction : cette matiere eſt la ſubſtance
» glutineuſe qui exiſte dans le fon, &
» que j'avois déja apperçu dans l'examen
» des parties conſtituantes du b'ed,
» lorſque j'ai avancé dans mon ouvrage
» ſur les pommes de terre, que le fon
» mis en poudre fine, & malaxé un
» certain temps avec l'eau, offroit des
» traces de matiere glutineuſe. »

H

C'eſt donc d'après la démonſtration que j'ai donnée des points de reſſemblance & de diſſemblance qui exiſtent entre le ſon & la matiere glutineuſe que M. Sage a dit : *& moi je penſe*, pag. 36, *que ce n'eſt pas la ſubſtance glutineuſe qui ſoit due au ſon ; mais que le ſon eſt produit à la ſubſtance glutineuſe épaiſſie* ; & pour faire voir qu'il eſt fondé, il ſe ſert des mêmes expériences que j'ai faites, pour montrer le contraire.

Diſcuter une pareille opinion, ce ſeroit lui donner quelque poids : cependant, comme je ne ſuis attaché à aucun ſentiment, je prie l'Auteur, avant d'exiger que je me rende au ſien, de trouver bon que je lui propoſe quelques doutes ſur leſquels j'ai beſoin d'éclairciſſemens. D'abord, ſi le ſon n'eſt autre choſe que de la matiere glutineuſe épaiſſie, pourquoi préſente-t-il conſtamment dans ſon analyſe à la cornuë, de l'acide, & que, bien dépouillé de farine, l'eau en retire encore différens extraits, tandis que la matiere glutineuſe ne donne que de l'alkali volatil à la cornuë, &, à l'eau, un extrait qui n'eſt pas comparable à ceux qu'on obtient du

ſon ? pourquoi les bleds ſont-ils d'autant moins abondans en ſon, qu'ils ſont
plus riches en matiere glutineuſe? *& vice
verſâ*, pourquoi le ſon de ſeigle, qui,
à ce que prétend l'Auteur de l'Analyſe, ſe pourrit auſſi aiſément, & de
la même maniere, que celui du bled,
appartient-il à un grain, qui, de ſon
propre aveu, contient vingt fois moins
de matiere glutineuſe que le froment?
Pourquoi le ſon d'orge & d'avoine eſt-
il de la nature de la balle & de la paille,
quoique ces graminés, ſuivant toujours
ce que dit M. Sage, tiennent également
ment que le ſeigle, de la matiere glutineuſe? Pourquoi enfin, dans la carie
des bleds, le ſon demeureroit-il intact
& ſain, s'il n'étoit que de la matiere
glutineuſe épaiſſie, puiſque c'eſt à
cette derniere qu'eſt due, ſuivant la
théorie de l'Auteur, la carie, & que
dans ce cas, elle a paſſé entierement à
la putréfaction, & ſe trouve détruite?

Mais ſi le ſon, qui eſt l'écorce du
bled, étoit dû à la matiere glutineuſe,
il s'enſuivroit que, loin d'être la premiere partie du grain formé, il en ſe-

roit la derniere. Cependant l'écorce s'apperçoit dès le premier développement de la partie de la plante qu'elle doit tapiſſer. Il eſt vrai que M. Sage pourra dire , toujours ſans prouver , que, dans le bled , la nature ſuit une autre marche , & que la matiere glutineuſe exiſte déja avant les premiers élémens des autres parties conſtituantes. Mais alors il voudra bien en même temps nous expliquer comment cette matiere demeure , pendant la végétation , dans un milieu humide , ſans s'altérer & ſe pourrir.

Je ſuis perſuadé que ſi M. Sage avoit prévu les objections que je lui fais de temps en temps , il auroit vraiſemblablement pris d'autres arrangemens ; il ſe feroit bien gardé d'avancer que le ſon eſt de la matiere glutineuſe , puiſqu'une ſeule réflexion ſuffit pour démontrer qu'il a plus accuſé le ſon que je ne l'ai fait dans mes expériences & mes obſervations. N'a-t-il pas prétendu, au commencement de ſon Mémoire, que la matiere glutineuſe pouvoit s'altérer dans la minute , & que, dans cet état d'altération, elle étoit ſuſceptible d'occafionner des défordres terribles dans l'économie animale ? Eh bien! le fon, loin de changer, comme la matiere glutineufe, de forme, de nature & de propriétés, foit dans la fabrication, foit dans la cuiffon du pain, demeure conftamment le même, ainfi que nous l'avons déja dit. Il ne peut féjourner dans l'eftomac, fur-tout lorfqu'il fait chaud, qu'il n'éprouve quelque changement. Or, arrivé au canal inteftinal, il doit donc porter avec lui un principe malfaifant. Non, le fon, épuifé de tout ce qu'il contient de foluble, n'a pas un pareil inconvénient, & n'eft pas de la matiere glutineufe épaiffic: c'eft une fubftance ligneufe, fur laquelle les différents menftrues n'ont aucune action, & qui, abandonné à l'air libre, s'altere à la maniere du bois qui pourrit.

Il fuit des réflexions que nous venons d'expofer, que, quoique M. Sage n'ait pas déclaré quelle efpece de fon il avoit examiné, je ne fuis pas tombé dans un pareil oubli, puifque j'ai toujours dit que, parmi les fubftances défignées fous le nom de *fon*, il falloit toujours en diftinguer plufieurs efpeces, dont les propriétés phyfiques & économiques étoient différentes entr'elles ; que le gros fon, par exemple, étoit la pellicule la plus extérieure du bled, qu'il s'altéroit plus promptement & d'une maniere plus intenfe que le petit fon & le remoulage ; que plus ces derniers s'éloignoient du gros fon, plus ils étoient chétifs, à caufe de la farine qu'ils contiennent en plus grande abondance.

Il fuit encore que le fon contient manifeftement, à fa furface interne, de la matiere glutineufe, dont j'ai démontré la préfence, en foumettant le premier à la preffe, dans l'état humide ; mais qu'il n'eft nullement de la matiere glutineufe épaiffie. Hâtons-nous de diffiper les allarmes que pourroit faire naître l'idée de M. Sage, & montrons quels font les effets du fon employé en certaine dofe dans le pain.

Des avantages du son dans le pain.

Par le titre que je donne à cet article,
on croiroit que je vais chanter la palino-
die ; on pourroit infinuer que les différens morceaux que je me propofe de
rapporter ici, étant extraits de mon Supplément, on a été fondé à annoncer
que je m'étois rétracté ; mais point du
tout. Les paffages qui traitent des avantages du fon dans le pain, que je me
propofe de mettre ici fous les yeux du
Lecteur, font extraits mot pour mot
de mon Mémoire ; & quoique l'Auteur
de l'Analyfe donne du fon, en général,
une idée très-défavorable, en difant,
qu'il n'eft autre chofe que la matiere
glutineufe épaiffie, je ne fçaurois être
tout-à-fait de fon avis ; car j'ai toujours
cru, & je le crois encore, malgré le
Mémoire de M. Sage, que cette écorce,
employée en certaine dofe, loin d'être
nuifible, peut produire de bons effets.
Je n'ajouterai rien à ce que j'ai inféré

dans mon Mémoire, & dont je vais donner quelques paſſages.

Mémoire ſur l'amélioration du pain, page 130. « Quelque bien blutée que
» ſoit une farine, elle contient une por-
» tion de ſon, qui s'eſt réduite en pou-
» dre aſſez fine pour s'y trouver con-
» fondue d'une maniere imperceptible;
» car il n'y a point de farine qui n'en
» contienne toujours un peu, & rien
» n'eſt plus avantageux au pain que d'en
» avoir une proportion convenable.
» Enfin, dans ce cas, on peut le regar-
» der comme un véritable aſſaiſonnant.
» Arrêtons un inſtant ſur cet article :
» nous n'avons aucun intérêt de dégui-
» ſer la vérité; & après nous être éten-
» du ſur les ſuites pernicieuſes qui re-
» ſultent de l'excès du ſon dans le pain,
» n'oublions pas de montrer comment il
» peut occaſionner de plus heureux effets,
» lorſqu'il eſt en moindre doſe. »

Page 104. « Nous avons dit plus
» haut combien il s'en falloit que le
» ſon fût une ſubſtance capable de di-
» minuer ou de corriger la diſpoſition
» putride des humeurs; qu'il n'étoit pas
» plus nutritif que les écorces, & qu'il

» partageoit avec ces dernieres la pro-
» priété médicamenteufe. Mais en par-
» lant ainfi, nous n'avons eu en vue que
» l'excès du fon ; c'eft pourquoi nous
» nous fommes fervi de l'expreffion
» d'une *trop grande quantité* de fon ,
» quand il a été queftion de prouver
» le danger & l'inutilité de fa préfence
» dans le fon ; car une petite quantité
» produit un tout autre effet · le fon
» en abondance dans le pain, s'y trouve
» dans tout fon entier, jouiffant de fes
» propriétés , & les communique t
» enfuite à la totalité de cet aliment ;
» en moindre dofe , au contraire , il ne
» fçauroit être nuifible , parce qu'il en-
» tre en combinaifon avec les autres
» parties qui compofent effentiellement
» le pain. Je le répete , une furabon-
» dance de fon nuit au pain , comme
» une petite quantité y fait du bien :
» dans le premier cas , le pétriffage , la
» fermentation & la cuiffon n'ont rien
» changé à fa nature , tandis que dans
» le fecond cas , ces deux opérations
» l'ont affiné , divifé & combiné au
» point que ce n'eft prefque plus du
» fon. »

Pag. 106. « Le son en petite quantité
» est donc un affaisonnant qui concourt
» à rendre le pain plus sapide, plus aisé
» à être divisé & diffous par les sucs di-
» geſtifs, plus convenable & plus ana-
» logue aux hommes occupés à des tra-
» vaux forts & violens, dont la diſſipa-
» tion eſt continuelle, & qui ont befoin
» d'une nourriture folide, qui tienne
» dans l'eſtomac. »

Pag. 107. « On pourroit encore em-
» ployer le fon, foit en fubftance, foit
» en décoction, ou fous l'une & l'autre
» forme. Il peut, ainfi que je m'en fuis
» affuré pluſieurs fois, faire lever les
» pâtes des autres farines, & augmenter
» la bonté & la qualité du pain qui en
» réfulte. J'ai préparé du pain de farine
» de pommes de terre feule, avec une
» décoction de fon; il étoit levé, ayant
» de la liaifon, une croûte dorée & une
» bonne couleur. Cette décoction rend
» également le pain de feigle, d'orge &
» d'avoine, meilleur & plus blanc. »

Pag. 112. « Le pain compofé ainfi
» de toutes les farines, qui mérite à jufte
» titre le nom de pain de ménage, &
» dans lequel on laifferoit le remoulage

» ou la troisieme pellicule du son, est
» sans contredit l'aliment le plus salubre
» & le plus substantiel dont l'homme
» du peuple puisse faire usage. Outre
» que ce pain seroit suffisamment levé &
» parfaitement cuit, il tiendroit davan-
» tage dans l'estomac, exerceroit dou-
» cement l'action de ce viscere, sans le
» fatiguer. Il seroit bien à desirer qu'à
» Paris sur-tout, où les différentes espe-
» ces de pain que l'on mange, ne con-
» viennent pas toujours aux hommes li-
» vrés à des travaux violens, ce pain
» vraiment économique fût moins dé-
» daigné : ils y trouveroient, entr'au-
» tres avantages, ceux de se le procurer
» à meilleur marché, d'être plus saine-
» ment & plus convenablement nourris
» qu'avec le pain blanc, & d'en manger
» infiniment moins. On a déja commen-
» cé dans le voisinage de la Capitale, à
» faire une boulangerie fondée sur ces
» principes : il y a tout lieu d'espérer
» qu'on en sentira l'utilité. »

Pag. 113. « En général, l'espece de
» nourriture devroit être réglée sur le
» genre de travail. Le peuple inférieur
» des villes mange du pain plus bis que

» le bourgeois, & on ne le voit jamais
» murmurer ni croire que son bonheur
» soit diminué par rapport à cette diffé-
» rence, qui, encore une fois, est plu-
» tôt à son avantage qu'à son détriment.
» Car toutes les parties de la farine, que
» la mouture confond, & que la blu-
» terie présente à part, me paroissent
» faites pour aller ensemble, parce que
» les unes sont extractives & muqueu-
» ses, & les autres sont huileuses &
» résineuses, & qu'étant réunies, elles ne
» peuvent former qu'un bon tout. »

J'ai donc distingué l'abus & l'usage du
son, suivant ses proportions ; j'ai donc
démontré ses inconvéniens selon ses
doses & ses avantages ; je ne pense
donc pas différemment en 1776 ,
que je ne faisois en 1774 : les pages
129, 130, 131 de mon *Examen des
pommes de terre*, ne font que l'image de
ce que j'ai développé dans mon Mémoire sur l'amélioration du pain. J'éviterois
au Lecteur la peine d'y recourir, si je
n'avois d'autres objets à soumettre à ses
lumieres & à son jugement.

On a vu précédemment que M. Sage
étoit tellement intéressé à me mettre en

contradiction avec moi-même, que,
n'ayant pu rencontrer, malgré ſes recherches, aucune trace capable de ſeconder ſes vues, il avoit pris le parti
d'altérer mon texte, au point de lui
donner le ſens qu'il deſiroit qu'il eût.
Cela n'a cependant pas ſuffi pour le ſa-
tisfaire ; il a fallu encore fortifier ce
qu'il avoit deſſein d'établir, en diſant,
pag. 50, que dans le Supplément préſen-
té à M. le Comte de St. Germain, je
m'étois rétracté de ce que j'avois avancé
dans mon Mémoire. Les preuves que je
vais employer, pour démontrer combien peu je me ſuis rétracté, ſeront priſes dans ce Supplément lui-même ; Supplément qui a la force d'un ouvrage imprimé, puiſqu'il eſt, comme mon Mémoire, ſous les yeux de l'Académie, &
que les différens paſſages que je vais en
extraire, ont été également vérifiés par
un de ſes Membres. M. Sage a-t-il pu
croire que je ne me ſervirois pas de cette
arme victorieuſe, pour anéantir ce qu'il
a avancé ; & qu'en faiſant ſeulement
connoître l'eſpece d'introduction de ce
Supplément, je donnerois la preuve la
plus formelle que j'étois bien éloigné de

me rétracter ? Voici cette introduction.

« Depuis que mon Mémoire a été mis
» fous les yeux du Miniſtre, j'ai conti-
» nué mes recherches ſur les moyens de
» bonifier, autant qu'il eſt poſſible, l'a-
» liment qui en eſt l'objet : & comme
» les expériences que j'ai faites, unique-
» ment dans cette vue, m'ont conduit à
» de nouvelles obſervations, je crois ne
» pouvoir me diſpenſer d'en rendre
» compte, perſuadé qu'on ne ſçauroit
» trop les multiplier, lorſqu'il s'agit
» de combattre des préjugés d'autant
» plus difficiles à détruire, qu'ils ont
» une économie apparente pour baſe.
» Ajoutons encore quelques preuves à
» celles que nous avons déja apportées
» en faveur du ſentiment où nous ſom-
» mes, que le ſon en trop grande quan-
» tité dans la compoſition du pain, eſt
» nuiſible dans l'économie animale ; &
» s'il ne nous eſt pas poſſible de parvenir
» par des expériences, des faits & le rai-
» ſonnement, à établir la néceſſité d'une
» réforme nullement diſpendieuſe pour
» l'Etat, & extrêmement avantageuſe
» pour l'humanité ; ſi, malgré nos ef-
» forts, les exemples que nous avons

» cités , & les autorités dont nous nous
» sommes étayés, il restoit encore des
» doutes qui en empêchassent l'adop-
» tion , nous prouverons que les re-
» grets de n'avoir travaillé qu'infructueu-
» sement, & de n'avoir pu déchirer le
» voile qui cache une vérité utile, seront
» tempérés par la certitude que nous
» avons de n'avoir cherché que le bien
» général , indépendamment de toutes
» considérations particulieres, & par la
» satisfaction de donner lieu à des dis-
» cussions qui peuvent jeter du jour sur
» une matiere intéressante , dédaignée
» pendant des siecles entiers , & mal-
» heureusement trop peu connue encore.
» Enfin un meilleur ouvrage que celui-
» ci deviendra pour nous un dédomma-
» gement , & le Public au moins ac-
» querrera des connoissances dont il
» seroit peut-être privé long-temps sans
» cela. »

Est-ce ainsi que débute un homme
qui va se rétracter ? est-ce ainsi que les
vœux que je formois, méritoient d'être
remplis ? est-ce ainsi qu'en desirant un
ouvrage plus parfait & plus complet, je
devoir voir le mien travesti & rendu

inintelligible , par la phyſique nouvelle
que l'Auteur y a ajouté ? devois-je
m'attendre qu'un ouvrage entrepris &
rédigé dans la vue de perfectionner la
nourriture fondamentale de l'homme ,
donneroit naiſſance à une brochure qui
obſcurcit tout, s'approprie tout & ne
dit rien de neuf ? devois-je enfin m'attendre que l'Auteur, non content de
s'emparer de mon travail , eſſayeroit encore de me ridiculiſer ? Mais voyons
comment je me ſuis rétracté, & ſi ce que
je dis dans mon Supplément, eſt conforme avec l'introduction.

Pag. 1. « Pour mieux connoître la
» nature & les propriétés du ſon , j'ai
» penſé qu'il falloit néceſſairement ré-
» péter les expériences que j'ai expoſées
» dans mon Mémoire : mais dans la crain-
» te que la préoccupation, dont on taxe
» ordinairement les gens les mieux in-
» tentionnés , qui ouvrent une nouvelle
» route , & dont il eſt quelquefois auſſi
» très-difficile de ſe garantir ; n'ayant en
» outre d'autre projet que de rechercher
» la vérité & de la dire ſans réſerve , j'ai
» prié Mr. Déyeux , mon confrere ,
» Chymiſte exact & bon obſervateur ,
» qui

» qui n'avoit nulle connoiffance de mon
» travail , de vouloir bien examiner le
» fon dans fon laboratoire , & de me
» dire enfuite les réfultats qu'il obtien-
» droit de fes expériences , fans oublier
» la plus petite circonftance qui accom-
» pagneroit chacune d'elles : ce qu'il eut
» la complaifance de faire, &c. »

Pag. 3. « Je n'expoferai pas les autres
» expériences que M. Déyeux a faites,
» parce que les réfultats étant abfolu-
» ment les mêmes que ceux que j'ai ob-
» tenus, le détail en feroit inutile , &
» même faftidieux. Je ferai feulement
» obferver qu'ayant mis du fon humec-
» té avec quantité égale d'eau diftillée,
» & ayant abandonné le mêlange dans
» un endroit dont la température faifoit
» monter le thermométre au vingtieme
» dégré , il a obfervé que le fon , au bout
» de 24 heures , commençoit à exhaler
» une odeur défagréable. Peu-à-peu cette
» odeur eft devenue plus forte : en
» moins de 48 heures , la putréfaction
» paroiffoit complette. Enfin, le troi-
» fieme jour, il apperçut des vers au
» fond du vafe , qui étoient affez gros.
» La fétidité étoit alors fi confidérable,

I

» qu'il fallut abandonner l'expérience &
» jeter le fon. »

Ibid. « Je dois prévenir qu'il m'eft
» arrivé fouvent, dans un temps où le
» thermométre alloit au 26e dégré,
» que faifant bouillir du fon un moment
» dans un peu d'eau, & l'abandonnant à
» l'air, ainfi humecté, il s'altéroit plus
» promptement que le bouillon, & l'o-
» deur qu'il exhaloit douze heures après,
» étoit infecte. C'eft ce qui eft connu de
» tous ceux qui vivent à la campagne.
» On fçait qu'en été, lorfqu'il fait ex-
» ceffivement chaud, fi les filles de baf-
» fe-cour difpofent trop tôt la pâte de
» fon pour les poules & les autres bef-
» tiaux, cette pâte paffe bientôt à l'ai-
» gre, & devient tellement putride en
» moins de 12 heures, que, préfentée
» dans cet état, les cochons même, que
» l'on n'accufera pas d'être délicats, ré-
» pugnent à la manger.

» La fermentation acide & putride du
» fon, qui s'établit avec tant de promp-
» titude quand la chaleur eft violente, eft
» non - feulement beaucoup plus lente
» quand il fait froid; mais fon intenfité
» paroît encore beaucoup moindre. Car

» il ne faut pas croire que la tempéra-
» ture donnée à un lieu iſolé , quoiqu'é-
» gale à celle qui régne en été dans l'air,
» puiſſe équivaloir à la chaleur générale
» de l'atmoſphere , & agir de la même
» maniere ſur les corps... Quoi qu'il en
» ſoit , l'expérience dont il eſt ici quef-
» tion , veut être répétée en été , & on
» auroit tort d'en contredire les réſultats ,
» en ſe fondant ſur des expériences faites
» dans toute autre ſaiſon , & à l'aide
» d'une chaleur artificielle. »

M. Sage ſe reſſouviendra ſans doute
que l'ayant rencontré dans le courant
d'Octobre chez M. Bayen , il me dit que
le ſon ne s'altéroit pas avec autant de
promptitude que je le prétendois. Ce
que je viens d'expoſer , fut ma réponſe.
M. Paulet , Médecin de la Faculté de
Paris , témoin de notre converſation ,
confirma la vérité de ce que je lui ob-
jectois. D'après cela , M. Sage a ajouté
en note , à l'article du *Son*, pag. 36 : *le
thermométre étoit à* 19 *dégrés, lorſque
j'ai ſuivi ces expériences.* Vraiſemblablement l'Auteur faiſoit des obſervations météréologiques dans les mois
d'Août & de Septembre , pour qu'il pût

I ij

s'être rappellé en Octobre la températture qui régnoit alors. Achevons d'exposer les détails de notre rétractation prétendue : c'est toujours dans le Supplément qu'ils seront puifés.

Pag. 8 *& fuiv.* « Quoique les pro-
„ priétés que le fon préfente dans fon
„ examen , & dont nous n'avons rap-
„ porté ici que les principales , ne doi-
„ vent pas donner de fes effets dans l'é-
„ conomie animale, une idée bien avan-
„ tageufe , nous obferverons que la mé-
„ thode de laiffer la totalité du fon dans
„ la compofition du pain , entraîne
„ après elle beaucoup d'inconvéniens,
;, autres que ceux qui réfultent de l'ufa-
„ ge d'un pareil pain , comme nourri-
„ ture. Il eft néceffaire de les expofer en
„ abrégé.

„ L'écorce du bled , avant de devenir
„ fon , préferve la matiere farineufe
„ qu'elle renferme , de l'humidité de
„ l'air & des autres influences de l'at-
„ mofphere. Mais lorfque les meules ont
„ détaché , divifé & confondu enfemble
„ les parties conftituantes du grain, le
„ fon alors répandu dans la maffe, con-
„ court à altérer la farine, dont il étoit

(133)

„ auparavant le défensif; parce que, dans
„ l'état naturel, il n'offre que sa surface
„ externe, plus huileuse que saline; au
„ lieu que, divisé par les meules, la par-
„ tie interne du son se charge plus vo-
„ lontiers de l'humidité, & devient un
„ grand obstacle à la conservation des
„ farines. Car personne n'ignore avec
„ quelle promptitude le son gâte les fa-
„ rines; puisque celles-ci ne peuvent
„ être transportées dans nos Colonies,
„ sans qu'elles n'aient été préalablement
„ blutées avec soin. C'est un fait incon-
„ testable, que plus les farines sont
„ blanches & privées de son, plus elles
„ font susceptibles de se conserver, &
„ *vice versâ*. Tous les Auteurs disent la
„ même chose. M. Malouin entr'autres,
„ avance dans son Art de la Boulange-
„ rie, que le son aide beaucoup à la fer-
„ mentation de la farine avec laquelle il
„ se trouve mêlé; & qu'il la fait bientôt
„ gâter, si on n'a pas la précaution de
„ la remuer souvent : premier inconvé-
„ nient.

„ Le bled très souvent occasionne de
„ mauvais effets, parce que sa surface est
„ recouverte d'une poussiere fournie par

,, des grains viciés, que le fleau broie &
,, répand fur l'écorce, qui va devenir
,, fon. C'eft ce qui fait que les Cultiva-
,, teurs les plus intelligens lavent les
,, grains qu'ils deftinent à leur ufage,
,, pour diffoudre & enlever cette pouf-
,, fiere. Il n'en faut pas davantage, par-
,, ce que le mal n'exifte pas dans la fa-
,, rine. La préfence du fon porte donc
,, avec elle du danger, puifque dans la
,, panification en grand, on ne s'avife
,, pas de laver & de nétoyer les grains :
,, fecond inconvénient.

,, La farine dans laquelle on a def-
,, fein de laiffer tout le fon, eft toujours,
,, à caufe de cela, moulue par une mou-
,, ture baffe, afin de divifer, le plus qu'il
,, eft poffible, l'écorce qu'on veut foi-
,, gneufement y conferver. Auffi qu'ar-
,, rive-t-il ? le mouvement des meules
,, trop rapprochées agit avec une telle
,, violence fur les parties huileufes de la
,, farine, qu'il les échauffe & les rend
,, âcres ; en forte que la fubftance gluti-
,, neufe éprouve, dans cette circonftan-
,, ce, une forte d'altération qui influe
,, étonnamment fur la couleur, la fa-
,, veur de la farine, & fur la qualité du

,, pain qu'on en prépare. C'eſt ce qui
,, fait que dans les moulins qui vont
,, moins rapidement, la farine eſt plus
,, blanche, & elle prend plus d'eau dans
,, le pétriſſage : troiſieme inconvénient.

,, La farine qui contient tout le ſon,
,, n'ayant jamais paſſé à la bluterie, il
,, s'enſuit que quand on l'emploie ainſi à
,, la fabrication du pain, les parties conſ-
,, tituantes du bled qui n'ont pas été ex-
,, poſées à un mouvement capable de
,, leur faire prendre un autre arrange-
,, ment, ne ſont nullement mêlangées ;
,, chacune ſe trouve à part, & la combi-
,, naiſon que le blutage opere ordinaire-
,, ment entre les parties, n'a pas lieu da-
,, vantage dans le pain ; ce qui fait que
,, cet aliment ne préſente jamais un tout
,, homogene : quatrieme inconvénient.

,, Dans le pétriſſage, le ſon, toujours
,, groſſier, toujours hétérogene à la fa-
,, rine, empêche l'eau de s'incorporer
,, dans cette derniere, d'une maniere
,, auſſi intime & auſſi uniforme ; parce
,, que le ſon n'eſt que mouillé, & point
,, combiné avec ce fluide ; de maniere
,, qu'il n'eſt pas poſſible de former une
,, maſſe égale : cinquieme inconvénient.

I iv

„ Le son difpofe, comme l'on fçait,
„ à la fermentation, tous les corps qui
„ en font fufceptibles. Auffi le fait-on
„ entrer dans certaines compofitions de
„ levain. *Pline*, entr'autres, affure que
„ cette écorce mêlée avec du vin blanc,
„ & le mélange mis en trochifques, au
„ bout de trois jours, devient un levain
„ qu'on délaye dans l'eau chaude, lorf-
„ que l'on veut s'en fervir pour faire le
„ pain. Mais ces levains, dans lefquels
„ il entre du fon, font toujours trop ai-
„ gres; ils perdent très - promptement
„ l'état vineux qui leur eft néceffaire pour
„ donner de l'apprêt à la pâte; cette der-
„ niere va trop vîte, & l'on fçait qu'il
„ faut un certain temps pour qu'elle ac-
„ quiere fa perfection. Auffi quand les
„ levains font trop vieux, ou qu'il fait
„ fort chaud, le pain n'eft jamais fi bon
„ que lorfqu'on emploie les levains jeu-
„ nes, c'eft-à-dire, plus fpiritueux qu'a-
„ cides, & qu'il fait froid : fixieme in-
„ convénient.

„ L'évaporation de l'humidité fura-
„ bondante, ne peut avoir lieu dans la
„ cuiffon du pain qui contient trop de
„ fon. Ce dernier, loin de fe deffécher,

» reprend l'humidité voisine, & rend le
« pain mat & gras ; ce qui est cause
» qu'on ne peut le conserver long-tems,
» parce que l'eau se rassemble en masse
» peu-à-peu, se dépose dans la cavité
» où est logée la particule du son toute
» entiere, & en accélere la moisissure :
» septieme inconvénient.

» Aux inconvéniens qui résultent de
» tout le son laissé dans la farine & dans
» le pain, avant qu'il ne serve d'aliment,
» joignons ceux qui résultent de sa pré-
» sence dans l'économie animale »

Ici je m'arrête & je m'impose silen-
ce. Les conséquences que je tire de mes
expériences & de mes observations,
n'ont pas été destinées à être rendues
publiques : mais peut-on regarder le
compte que j'en ai rendu, comme une
rétractation ? Je présume bien que M.
Sage ne se flatte pas d'avoir, dans trois
ou quatre pages & en très-peu de tems,
décidé une question aussi délicate & aussi
importante, qui intéresse toute l'humanité, les générations futures, & sur
laquelle l'Académie, toujours sage &
circonspecte, n'a pas encore osé prononcer, depuis huit mois qu'elle est
consultée. Car on observera que ce qui

devoit faire l'objet principal du Mémoire de M. Sage, occupe beaucoup moins
de place que l'examen de l'eau graſſe &
du gros noir des Amidonniers, qui ſer-
vent à engraiſſer les cochons , & que
l'analyſe de la paille. Je puis même ajouter que l'Auteur ne s'eſt déterminé à traiter également cette matiere , qu'après
avoir appris que je m'en étois occupé
dans le laboratoire de M. Deyeux. Cette
analyſe lui appartient cependant en propre , & je conviens qu'il auroit bien fait
de ne pas tant s'empreſſer de la communiquer , parce que je ne me ferois jamais aviſé de la publier, vu qu'elle n'apprend abſolument rien.

Quoique mon Mémoire & le Supplément qui y ſert de ſuite, ſoient huit
fois plus volumineux que l'ouvrage
de M. Sage , il s'en faut bien qu'il contienne encore tous les développemens
dont eſt ſuſceptible la matiere que j'y
traite. J'allai chez M. Sage environ un
mois après que le Miniſtre avoit adopté
la propoſition qu'on lui avoit faite, de
charger notre Auteur de l'examen de mon
travail, pour lui offrir les éclairciſſemens
dont il auroit beſoin , & lui deman-

der l'honneur de ſon ſuffrage. Il me dit que nous penſions différemment; qu'au ſurplus il ne pouvoit me blâmer d'avoir fait part de mes réflexions ; il eut même la *bonté* de m'applaudir à ce ſujet. Aujourd'hui il tient un bien autre langage ; il publie que j'ai été lui demander graces ; comme ſi, en ſuppoſant que je me fuſſe trompé , mes intentions pouvoient jamais être mal interprétées ; comme ſi un Citoyen qui ne follicite aucune place , qui ne brigue aucun honneur , qui n'établit ni ſa gloire ni ſa fortune ſur la réuſſite de ſa propoſition , étoit coupable , pour avoir confié , ſans bruit , à des Miniſtres éclairés & bienfaiſans , des détails propres à ſeconder leurs vues patriotiques. M. Sage n'a-t-il pas vu d'ailleurs que je me ſuis expliqué, en divers endroits de mon Mémoire , ſur le vrai motif qui m'animoit ; & qu'à la page 12 , je dis : « Je ne ſuis payé ni » pour former aucun projet, ni pour » blâmer les uſages établis. Je ſuis Ci- » toyen ; j'ai vu, je dis ce que j'ai vu , » je propoſe ce que j'ai fait & ce qu'il » faudroit faire, je deſire être utile. La

» feule récompenfe la plus flatteufe à
» laquelle je prétende , ce feroit de
» jouir du fruit de mon travail, dans
» le bien qu'il aura pu procurer à ma
» patrie. » *Page* 13. « Les faits que j'a-
» vance ne font ni l'ouvrage d'une fpé-
» culation oifeufe, ni celui d'une ima-
» gination échauffée par quelques fyf-
» têmes : il n'en eft aucun dont je ne
» fois en état de fournir les preuves
» les plus convaincantes. Exagérer les
» maux ou diffimuler le bien , c'eft éga-
» lement décourager les hommes. Faire
» connoître les inconvéniens réels , in-
». diquer les préfervatifs , c'eft rendre,
» à toutes les claffes de la Société , le
» fervice qu'elles ont droit d'attendre
» de tout bon Citoyen. Celui qui lui
» cache une vérité utile , lui fait un vrai
» larcin. » Avoir confacré deux années
de mon temps à la recherche d'une vérité précieufe , n'avoir vu dans mon
travail d'autre récompenfe que mon
travail, avoir voulu enfin être effentiellement utile, voilà mon crime aux
yeux de M. Sage. Il eft étonnant qu'il
n'ajoute pas , que je méritois d'être
puni, pour avoir tenté de découvrir la

principe vénéneux des champignons, &
leur antidote ; pour m'être foumis moi-
même aux expériences fur l'ergot ,
dans l'intention de calmer les inquiétudes des habitans de la Sologne & des
autres Provinces , qui attribuent à cette
excroiffance du feigle , des maux épou-
vantables.

Quelle eft donc ma conduite? J'ai préfenté le réfultat d'un travail de plufieurs
années aux Miniftres : M. Turgot a cru
qu'il n'y avoit que l'Académie qui pouvoit l'éclaircir fur cette matiere importante. M. le Maréchal de Muy , au
contraire , à choifi M. Sage, qui lui
avoit été indiqué, comme capable de
fixer fes idées à ce fujet. J'ai attendu
dans le filence le rapport de l'Académie ; je n'ai donné aucune publicité à mon travail ; le titre en étoit
même inconnu avant que M. Sage ne
fît imprimer fa brochure. Les Mémoires que j'ai été lire à l'Académie, n'ont
pas de rapport marqué avec mon ouvrage
concernant l'amélioration du pain. J'entre exprès dans ces détails, parce que ,
pour établir la néceffité de publier le
Mémoire de M. Sage , qui étoit preffé

fujet, remplis de vues neuves & intéref-
fantes. Son but principal étoit de perfectionner le pain de quelques-unes de nos
Provinces, où cet aliment eft fort mauvais, malgré la bonté des grains qu'on
y emploie. Son motif, fes efforts & fes
recherches méritent des éloges & des
encouragemens.

Parce que dans mon *Mémoire fur l'a-
mélioration du pain*, j'ai dit, l'état vineux, l'état fpiritueux du levain, l'Auteur de l'Analyfe des bleds s'eft empreffé d'annoncer, pag. 45, comme une
découverte nouvelle qui lui appartienne,
que *la fermentation panaire eft une vraie
fermentation vineufe*; & pour en donner
la démonftration, il met, fans perdre
de temps, quatre livres de levain *de tout
point* dans le bain-marie d'un alambic,
& prétend avoir retiré, par la diftillation, une liqu ur vineufe fort agréable.
En examinant toutes les efpeces de levain, depuis le levain le plus récent ou
le plus jeune, jufqu'au levain le plus
vieux ou *de tout point*, jamais je n'ai
rien apperçu de femblable. L'expérience mentionnée n'a de réuffite qu'autant
qu'on foumet à la diftillation une beau-

coup plus grande quantité de matiere à la fois, & que l'on emploie le feu nud ; autrement la premiere liqueur qu'on obtient, eſt gazeuſe & non ſpiritueuſe, la ſeconde eſt acidule : la pâte qui n'eſt pas encore à l'état de levain, ne préſente pas autre choſe, diſtillée de la même maniere.

J'ai dit, pag. 58 de mon Mémoire, que je donnerois un traité complet ſur le pain, dans lequel je me propoſois de rapporter les expériences que j'ai faites ſur cette matiere, & d'indiquer en même temps, pour la préparation du pain d'une armée nombreuſe, des levains différens de ceux dont on ſe ſert ordinairement, qui pourroient ſe conſerver plus long-temps, ſans perdre aucun de leurs effets. Je ſuis fâché pour M. Sage de n'en avoir pas dit davantage, car il auroit fait le livre ; il auroit pu enrichir ſon Analyſe d'un article, en ſuppoſant cependant qu'il n'eût pas critiqué la définition que M. Malouin donne du levain ; car c'eſt la meilleure que nous ayons juſqu'à préſent.

Si ce que nous avons obſervé, n'a été encore regardé que comme des méprifes légeres, en voici d'un autre genre, qui manifeftent combien M. Sage paroît ignorer l'action des levains. Il avance, pag. 45 : *le levain doit être rafraîchi ; car lorfqu'il eſt acide, il n'eſt plus propre à faire lever la pâte.* Ici j'interromps l'Auteur, & le prie de me dire comment on fait dans les campagnes, où l'on garde le levain plufieurs jours, des femaines entieres, & même des mois, fans le rafraîchir. C'eſt cependant avec un pareil levain que les Cultivateurs & beaucoup d'Habitans de la Province font leur pain : il eſt bien levé, & le feul défaut qu'il ait, c'eſt quelquefois d'être un peu aigre. Le levain le plus vieux & par conféquent le plus acide, pourvu qu'il ne foit pas gâté, peut être rappellé au meilleur état poffible, en le délayant exactement dans l'eau froide, en y mêlant le double de farine, en bien travaillant & baffinant la pâte, en répétant toutes les deux heures cette opération jufqu'à quatre fois, enfin en employant les bons procédés que les Boulangers connoiffent & mettent en ufage, pour raccommoder leur levain qui a perdu fon *appręt*. Si l'Au

teur eût dit que quand le levain eſt aigre, il n'en faut pas autant, que l'eau
doit être moins chaude, il ſe feroit fait
entendre, il auroit montré qu'il avoit
quelqu'idée de la Boulangerie, on lui auroit même paſſé de dire qu'il n'eſt pas
poſſible d'en faire un pain auſſi léger &
auſſi agréable : mais que le levain dans
cet état ne puiſſe pas faire lever la pâte !
c'eſt ce que toutes perſonnes qui font la
pâte, juſqu'aux bonnes ménageres, lui
conteſteront toujours.

Avant que M. Sage ne parlât de rafraîchir le levain , & de l'introduire
dans la farine pour le pain , il auroit bien
dû prendre quelques informations à ce
ſujet auprès des Boulangers, ſans toujours recommander l'eau chaude pour
cette opération. Quoi ! un homme qui
écrit ſur l'art de faire du pain , ne ſçait
pas qu'il y a des circonſtances où l'on
ne ſçauroit employer l'eau trop froide.
Il eſt des jours, en été par exemple, où,
pour tempérer la fermentation, tous les
moyens, tels que l'eau froide , des levains jeunes, pris en moindre quantité,
le peu de temps qu'on laiſſe ſur couche,
tout cela n'empêche pas que dans les en-

droits où l'on fait beaucoup de pain,
les dernieres portions de pâtes tournées,
ne foient expofées à *grincer*, pour parler
le langage des Boulangers, c'eft-à-dire,
à avoir trop d'apprêt avant d'être en-
fournées. En hiver, au contraire, la fermentation va fi lentement, quoiqu'on
emploie de l'eau bien chaude, des levains
moins jeunes & en plus grande dofe,
que la pâte foit tenue dans un endroit
chaud & bien envelopée de couvertures,
il eft quelquefois néceffaire, malgré cela, d'avoir encore recours à des expédiens.
J'ai vu, dans le mois de Février dernier,
où le thermométre étoit à 14 & 15 dégrés de glace, le levain dit *de feconde*,
dans le pétrin près de la fenêtre, qu'on
avoit été forcé d'ouvrir, à caufe de la
fumée qui régnoit dans la Boulangerie,
être faifi tout d'un coup par le froid, au
point que la fermentation fut entiérement fufpendue. On auroit indubita-
blement perdu une fournée entiere, fi
M. Broq ne fût arrivé au moment où on
alloit employer ce levain. Ses connoif-
fances étendues dans cette partie, lui
offrirent des reffources pour prévenir
cet accident. Après avoir fait délayer ce

levain dans l'eau voifine de l'ébullition,
il y ajouta une chopine de vinaigre : il
mit la pâte qui en réfulta, dans des cor-
beilles près du four. En moins de deux
heures, il parvint à fon apprêt, & pro-
duifit l'effet d'un très-bon levain.

Les effets de la levure & fon ufage
dans le pain, ne font pas encore mieux
connus de M. Sage. Il dit, page 47 :
*Dans les grandes Villes, on emploie de
la levure pour faire fermenter la pâte. On
a reconnu qu'un quarteron faifoit autant
d'effet que huit livres de levain. Les Boulangers emploient cette matiere de préférence au levain, parce qu'ils n'ont pas
alors la peine de travailler autant leur
pâte ; ce qui vient de ce que la levure
contient plus d'efprit vineux que le levain.* D'abord, il y a une infinité de
grandes Villes en France, où l'on ne
connoît pas l'ufage de la levure : à Paris même, beaucoup de Boulangers n'en
emploient jamais. Enfuite, on ne peut
pas déterminer l'intenfité de la levure,
ni la comparer à une quantité donnée de
levain ; puifque fon action dépend, 1°.
du dégré de fermentation où elle fe trouve ; 2°. de la fécherefle & de la qualité de la

farine ; 3°. de la température du lieu où
l'on opere , & de celle de l'atmofphere ;
4°. de l'apprêt du levain ; 5°. enfin, de
l'efpece de pain qu'on fe propofe de
faire. Toutes ces circonftances obligent
donc d'employer tantôt plus , tantôt
moins de levure, ainfi qu'on le remarque à l'égard du levain : mais il ne faut
pas penfer que les Boulangers ne doivent pas travailler autant leur pâte, lorfqu'ils y introduifent de la levure ; ils
emploient feulement cette matiere pour
accélérer la fermentation, & pour faire
le pain mollet plus léger. J'ignore que
cet effet foit dû à ce que la levure contient davantage d'efprit vineux que le levain : tout ce que je fçais , c'eft que j'ai
diftillé l'un & l'autre avec précaution ,
& que je n'ai obtenu que de l'eau ; que
la pâte qui cuit au four , ne donne que
de l'eau , ayant l'odeur de pâte ; que le
pain qui fe réfroidit , ne laiffe échapper
que de l'eau , ayant l'odeur de pain ; &
que tout ce que M. Sage avance dans le
fecond alinéa de la page 46 , eft démenti
par l'expérience , excepté la note de
Boerhaave , qu'il a rencontrée par hafard dans le fecond volume des Récréations chymiques de Model , page 367.

Quant aux effets du pain moifi, dont il parle pag. 47, il peut confulter le Traité des alimens de Lemery, chap. *du Pain*. Et pour fçavoir fi ce que l'Auteur de l'Analyfe dit, pag. 38, eft également vrai, *que les matieres fufceptibles de fermentation, ne fe moififfent pas ordinairement*, il fuffit d'examiner l'intérieur d'un pâté de canard ou de liévre, quelque temps après qu'il a été fait. La chair de ces animaux ne fe pourrit-elle pas ? M. Sage, comme Pharmacien, devroit-il ignorer que les électuaires, fi fujets à moifir, perdent, fuivant la remarque des Praticiens, une bonne partie de leurs propriétés, quand ils ont éprouvé cette altération ?

Lorfque la levure eft gardée trop long-temps, elle devient gluante. C'eft fans doute comme il faut interpréter ce que dit M. Sage, pag. 48. Car le pain dans lequel on a introduit une trop grande quantité de cette levure ancienne, eft un peu amer & moins blanc ; mais il n'eft jamais gluant. Pour moi, je fçais que la levure ne fait jamais que du beau pain, & que l'œil y gagne plus que le palais. Il feroit même à defirer qu'on en profcrivît l'ufage pour le pain, comme auffi que les Boulangers n'employaffent, dans prefque toutes les circonftances, que des levains *jeunes* & de l'eau plus froide que chaude. Tous ces détails trouveront leur place dans l'ouvrage de Boulangerie que je me difpofe à publier inceffamment.

Après avoir expofé une partie des méprifes dans lefquelles M. Sage eft tombé à l'égard du pain, je pourrois m'arrêter à faire voir combien j'ai, d'autre part, contribué à groffir fon article. Mais qu'importe au Public qu'on copie, pourvu qu'on ne l'induife pas en erreur ? Pardonnera-t-on à M. Sage d'avoir dit, pag. 7, d'après lui feul : *c'eft la qualité de la matiere glutineufe qui fe trouve dans la farine, & non la quantité qui eft effentielle pour la confection du bon pain ;* lorfqu'à la p g. 57, il dit, d'après moi & les Auteurs que j'ai cités: *la bonne fermentation panaire paroît dépendre de la quantité de la fubftance glutineufe contenue dans la farine?* Lui pardonnera-t-on d'avoir établi, pag. 1, qu'il n'y a de fon que dans la farine réfultante

réfultante par la mouture économique, & qu'à la pag. 48 , il faffe entendre qu'il n'y a pas de farine qui n'en contienne, en difant continuellement d'après nous : *le pain eft d'autant plus blanc , que la farine que l'on a employée contient moins de fon ?* Mais il faut finir : nous ne nous fommes pas engagés, au commencement de cette Differtation , à montrer les contradictions fans nombre qui four millent dans l'Analyfe des bleds.

En terminant l'article du pain , M. Sage rapporte le paffage de *Quercetan* fur la préparation de cet aliment, paffage puifé dans le Traité des diverfes fortes de grains , publié par *Manetti* , & traduit de l'italien par M. Bertrand. Ce traité eft à la fuite de l'Art du Boulanger, édition de Neufchâtel. M. Sage auroit mieux fait de nous donner ce paffage tel qu'il eft dans l'ouvrage que que nous citons , plutôt que d'en gâter le latin. Car ce n'eft pas ainfi que Quercetan s'eft exprimé : Il a dit, dans fon chapitre *de variis panis & potús artificiis in alimentum hominis,* pag. 161, 1°. *puri ab impuro apparet feparatio , hoc eft, farinæ à furfure ;* & non pas, comme dit M. Sage, pag. 50, 1°. *puri ab impuro separatione ad farinam, hoc est, farinæ à furfure.* Si M. Sage avoit dit, d'après Quercetan, 3°. *fermentatione, ut gluten & viscidum attenuetur,* il auroit sans doute écrit *attenuentur.* Il est étonnant que M. Sage ait risqué de prononcer le nom de Quercetan, puisque ce Médecin, dans son *Diœteticon polyhistoricon,* s'exprime ainsi : *puri ab impuro,* en parlant de séparer le son de la farine ; il dit par-tout : *panis furfuraceus, omnium deterrimus, est minimi alimenti.* Si l'Auteur de l'Analyse avoit parcouru les ouvrages de Quercetan, il auroit vu dans sa *Pharmacopée,* entr'autres, que la fermentation vineuse des grains étoit connue bien avant le siécle dernier, en lisant, pag. 24 : *hujus solius fermentationis beneficio,* (ut posteà pluribus patebit,) *eliciuntur aquæ vitæ ex omnibus seminibus farinaceis :* il en auroit été du moins convaincu, puisqu'il ne veut pas s'informer quelle est l'eau-de-vie dont l'Allemagne, la Russie & la Suéde font usage.

DU SEIGLE ET DES AUTRES FA-RINEUX DONT LES DIFÉRENTES NATIONS FONT DU PAIN, OU QUI LEUR EN TIENNENT LIEU.

SUIVANT la relation de tous les voyageurs dignes de foi, il paroît que l'aliment principal des différens Peuples de la terre, celui qui eſt le plus naturel on le plus analogue à l'homme, eſt farineux, & que la forme ſous laquelle & le réduit pour en faire uſage, eſt conforme à ſa nature & à ſes propriétés. Quelsque ſoient ces farineux, c'eſt toujours l'amidon qui en fait la baſe ; & ſans cette ſubſtance, il n'eſt pas poſſible de faire du pain, des galettes, de la bouillie & des pâtés.

LE SEIGLE, dit *Manetti*, dans ſon *Traité des grains*, eſt, après le froment, celui de tous les grains dont on ſe ſert le plus pour faire du pain : dans les pays ou on ſçait le préparer, ce pain eſt blanc & très-ſavoureux ; on y réuſſit aſſez bien dans quelques-unes de nos

Provinces; mais non pas comme en Allemagne. M. Bertrand aſſure que le pain de ſeigle, que l'on ſert en Suede ſur la table des grands, ſe pêtrit fort clair, & qu'on le fait dans la perfection. Il eſt vrai que la nature du ſeigle y eſt meilleure, & qu'on le ſçait mieux moudre. Il paroît que tous nos travaux ſe ſont bornés au pain de froment, & que nous avons négligé de diriger nos recherches, pour faire du bon pain avec les autres farines. Il eſt poſſible cependant de rendre le pain des autres graminés meilleur qu'il n'eſt ordinairement.

L'abſence de la matiere glutineuſe dans le ſeigle, l'orge & l'avoine, ſera toujours un obſtacle à ce qu'on puiſſe jamais faire, avec ces graminés, un pain leger, blanc & agréable comme celui du froment. *Beccari*, M. *Keſſelmeyer* ont fait des recherches infinies pour y découvrir cette matiere glutineuſe, mais infructueuſement: ils n'ont donc pas dit ce que M. Sage leur fait dire, pag. 6, *que le froment étoit plus nourriſant que les autres graminés, parce qu'il contenoit plus de matiere glutineuſe.*

(165)

Ils ont toujours affuré, d'après leurs expériences, non-feulement fur les graminés, mais encore fur les légumineux & différens fruits & racines farineufes, qu'à l'exception de l'épeautre, il n'y avoit que le bled qui préfentât un pareil phénomene. Voilà ce que c'eft que de parler des Auteurs, fans connoître leurs ouvrages.

Le moyen que M. Sage emploie pour retirer la matiere glutineufe prétendue de la farine de feigle, d'orge ou d'avoine, n'eft pas nouveau ; il appartient à M. Rouelle, qui l'a publié il y a quatre ans, dans fes obfervations fur les fécules ou parties vertes des plantes dans l'Avant-Coureur de Juin, N°. 24. Je fuis bien fâché de ne pouvoir être d'accord avec M. Rouelle, fur ce point ; car j'ai peine à me perfuader qu'une fubftance feche & pulvérulente, parce qu'elle exhalera, fur les charbons ardens, l'odeur de corne brûlée, & qu'elle donnera de l'alkali volatil à la cornuë, puiffe jamais, à caufe de ces propriétés qu'ont prefque tous les végétaux, être comparée à une matiere, qui, en s'emparant de l'eau avec avi-

dité , acquiere de la molleffe, de la tenacité , de l'élafticité & de la glutinofité, qui a la propriété de fe laiffer divifer & diffoudre par les acides huileux , par le fucre , le jaune d'œuf, &c.
On peut voir les réflexions que j'ai faites , à ce fujet , dans la même feuille
hebdomadaire d'Août, N°. 34. Encore fi
M. Sage avoit ajouté à ce que nous avons
dit , une feule expérience , qu'il eût re-
cueilli par exemple la matiere glutineufe de pluficurs livres de farine de
feigle , & qu'enfuite il l'eût introduit
dans une petite quantité de la même farine , pour voir fi , en la convertiffant
en pain , celui-ci auroit plus de blan-
cheur & de legereté , ainfi que je l'ai
fait , en introduifant de la matiere glutineufe du froment, dans la pâte des
autres grains , où il n'y en a abfolument
pas : mais cette expérience ne pouvoit
pas être entreprife par M. Sage , puifqu'elle étoit le réfultat des connoiffan-
ces qu'on defireroit fur les effets de la
matiere glutineufe dans la pâte & dans
le pain.

L'affociation du feigle pour un tiers ,
& même pour moitié , avec le bled ,

eſt très-avantageuſe , par rapport au pain qui en réſulte : on le nomme ordinairement pain de méteil. Je ſuis entré dans quelques détails à ce ſujet, dans mon *Mémoire ſur l'amélioration du pain*, où j'ai prouvé que le ſon de ſeigle n'étoit nullement comparable avec celui du bled ; & en effet, ſans rappeller ici aucunes des expériences Chymiques que j'ai faites , pour le démontrer, que l'on demande à ceux qui font le commerce de grains, ils diront tous que le ſeigle & ſa farine s'alterent beaucoup moins aiſément que le bled , que le ſon de ce grain ne s'échauffe pas autant, qu'il ne faut pas le remuer auſſi ſouvent que celui de froment, & que quand il eſt altéré, il s'en faut bien que ſon odeur ſoit égale à celle qu'exhale le ſon du bled gâté, au même dégré : c'eſt au grenier, dans les magazins qu'il faut s'inſtruire de tous ces détails , ne pas ſe borner aux petits eſſais tentés dans des petites cornuës , & conclure d'après leurs petits réſultats.

Vû la propriété du ſon de ſeigle, ſon état farineux , & la facilité qu'il a de ſe diviſer ſous la meule, je crois qu'il

pourroit entrer en totalité dans la compofition du pain , fans aucun inconvénient. Prifonnier de guerre dans un
petit endroit d'Allemagne , j'ai vu les
habitans étancher leur foif avec une
boiffon acidule qu'ils préparoient en
faifant une décoction de fon de feigle ,
qu'ils laiffoient fermenter. On fait également ufage d'une pareille boiffon en
Picardie : on prend du fon de froment
au lieu de feigle , on en fait une décoction dans de l'eau de riviere , que
l'on a foin de paffer , pour en féparer
toute la partie corticale , dont la préfence , fuivant ce qu'ils ont remarqué ,
feroit extrêmement nuifible. On en
remplit un tonneau , on y délaie enfuite un levain de huit jours , & la fermentation s'établit en moins de vingt-
quatre heures. Lorfqu'on s'apperçoit
que l'écume qui fort par le bondon commence à s'affaiffer , on bouche exactement le tonneau , on laiffe dépofer la
liqueur pendant quelques jours , afin de
lui donner le temps de s'éclaircir. Lorfqu'on a pris quelques précautions pour
ne laiffer contracter aucune mauvaife
odeur au fon , cette liqueur eft affez

agréable , elle eſt rafraîchiſſante , & ſa
ſaveur eſt vineuſe , tirant ſur l'aigre ;
c'eſt enfin la limonnade des pauvres
habitans de la campagne.

L'Orge eſt , après le froment & le ſeigle , le graminé dont la récolte eſt la
plus importante , parce que non-ſeule-
ment il ſert de nourriture dans pluſieurs
cantons , mais encore par rapport à l'u-
ſage qu'on en fait en Europe , pour la
préparation de la bierre & des eaux.
de-vie de grains. On ſçait que l'orge
germé , c'eſt-à dire , réduit à l'état de
malt , forme une branche de commerce très-étendue en Angleterre , & que
les Peuples du Nord en font beaucoup
d'uſage pour la préparation de leur
boiſſon forte. A qui M. Sage croit-il apprendre que la bierre eſt le réſultat
d'une fermentation vineuſe ? Si on n'en
ſçavoit que ce qu'il en dit page 25, 26
& 27, on pourroit à la vérité en douter , puiſqu'il prétend que la bierre
produit , par la diſtillation , un eſprit
vineux , qui a l'odeur de malt , & n'eſt
pas inflammable. S'il eût diſtillé quelque pintes de bierre , dans l'état preſ-
qu'acide , il auroit vu que l'eſprit qui

en provient eft inflammable , & qu'en le rectifiant & le combinant avec l'huile de vitriol concentrée, on pourroit en faire un véritable éther.

Rien n'eft plus curieux que la définition que M. Sage donne de la fermentation vineufe des grains. Dans plufieurs endroits de fon Mémoire, fuivant lui, la matiere fucrée paffe à la fermentation vineufe, tandis que la matiere extractive devient acide. L'acide n'entre donc plus , comme principe conftituant dans l'efprit ardent. Je lui confeille de bien vîte prévenir les Diftillateurs Allemands , qui attendent que la fermentation ait paffé à l'acide, avant de commencer à diftiller, ou bien de s'inftruire à ce fujet, en lifant la note que M. de Viliers a ajouté à la pag. 246 du fecond volume *des Inftituts de Chymie de M. Spielman , édition françoife, le Cours de Chymie de le Fevre*, 2 vol. , pag. 106 & fuiv. , édition de Paris , *l'Art du Diftillateur Liquorifte , publié par M. Demachy :* enfin la *Differtation fur la diftillation de l'eau-de-vie de grain* , inférée dans le fecond volume de *Récréations chymiques de Model,* pag. 511 & suiv, il verra dans tous ces Traités, qu'il ne suffit pas, pour établir la fermentation vineuse dans les grains, d'abandonner la matiere farineuse qu'ils renferment, dans le tonneau de l'Amidonnier avec un peu d'acide, ou bien d'introduire dans la pâte un levain, comme fait le Boulanger : on sçait bien que dans ces deux cas il y a un commencement de fermentation vineuse ; mais ne faut-il pas d'autres procédés & d'autres combinaisons pour retirer des graminés, la quantité de liqueur spiritueuse qu'il sont en état de fournir, un levain approprié, des proportions justes dans les mélanges, la dose d'eau nécessaire, un dégré de feu convenable, des soins pour établir la fermentation, l'arrêter & distiller à propos ? Voilà une bonne partie des conditions sans lesquelles les grains ne donnent que des atômes de spiritueux.

L'Avoine sert peu aux hommes, comme aliment. Les Anglois en ont beaucoup vanté l'usage dans les maladies aiguës ; & les Médecins la prescrivent tous les jours sous la forme de bouillie, c'eſt-à-dire, dépouillée de ſon écorce & réduite en poudre groſſiere, c'eſt ce qu'on appelle gruau d'avoine. La méthode de javeler l'avoine, c'eſt-à-dire, de la couper avant qu'elle ſoit mûre, & de la laiſſer enſuite ſur le champ, pour qu'elle noirciſſe & groſſiſſe, a ſes avantages & ſes inconvéniens. M. Sage blâme cette méthode, page 65, parce que, dans le Journal économique, on a dit que l'avoine étant ſerrée humide, elle étoit ſujette à s'altérer, & qu'il valoit mieux la laiſſer mûrir ſur pied, avant d'en faire la récolte; mais, comme l'obſerve M. *Bomare* dans ſon *Dictionnaire d'Hiſtoire naturelle*, ſi l'on attendoit, pour ſerrer l'avoine, qu'elle fût bien noire & bien mûre, il s'en égreneroit beaucoup.

Le Riz, qui fait la nourriture principale d'une partie de l'univers, ſeroit infiniment ſupérieur au bled, s'il étoit poſſible de le convertir en pain bien levé; car ſa culture eſt beaucoup plus aiſée que celle du froment, & il eſt auſſi moins ſuſceptible d'altération que ce grain. Les produits que donne le riz à la cornuë, ſont les mêmes que ceux du bled ; avec cette différence, qu'ils font en moindre quantité. Voyez *Examen chymique des pommes de terre*, page 178 : ce qui me fait croire, d'après d'autres expériences plus concluantes encore, qu'il contient moins de parties nutritives que le bled.

On auroit bien défiré que M. Sage, voulant faire mention des fubftances végétales dont les différentes Nations fe fervent au lieu de pain, n'eût pas oublié de comprendre dans fa lifte les patates, les bananes, &, entr'autres, les pommes de terre. Dira-t-il que l'analyfe de ces dernieres étoit faite & publiée ? Tout ce qu'il rapporte de la *caffave*, du *rima*, du *fagou*, du *fromager*, des marrons, du *grand millet*, du *bled de Turquie*, du *riz*, étoit-il moins connu ? Les ouvrages de Botanique & d'Hiftoire Naturelle, auxquels il a eu recours, ne font-ils pas entre les mains de tout le monde ; quel befoin donc de nous en donner encore des extraits ? Il aura beau dire que l'idée d'avoir foumis à la diftillation par la cornuë tous ces végétaux, lui appartient : Nicolas Lemery ne les avoit-il pas déja examinés la plupart, en emp'oyant ce moyen ? & un pareil moyen répand-il beaucoup de jour ſur leur nature & ſur leurs propriétés ?

On auroit bien deſiré encore que M. Sage eût donné les procédés que l'on met en uſage pour convertir en aliment & en boiſſon les différentes ſubſtances végétales qu'il a décrites ; & qu'il eût propoſé des moyens de réforme & de perfection pour les corriger & les améliorer. Eſt-ce que ces recherches, aux yeux de M. Sage, ſont moins intéreſſantes pour le genre humain que celles qui conſiſtent à ſçavoir ſi, comme il le dit, pag. 70, la matiere glutineuſe eſt une combinaiſon d'alkali volatil & d'huile ; qu'elle conſtitue le germe du bled ; que ce germe eſt de même nature dans toutes les ſemences ; qu'il eſt formé d'alkali volatil & d'acide végétal ; que, dans la plupart des cruciferes, il y a un ſel ammoniac, volatil, odorant ; que la ſemence de ſinapi doit ſa ſaveur à un ſel ammoniac-végétal, moins volatil que celui du raifort ; qu'enfin la moutarde ne perd aucune de ſes propriétés, lorſqu'on la mêle avec le vinaigre ? Pour moi, je croyois que la nature avoit formé le germe de parties propres à fe conferver long-temps ; il me fembloit que c'étoit un corps folide, déja organifé : j'avois vu le blanc d'un œuf être entiérement gâté , fans que fon germe le fût : j'avois vu un ma-ron entiérement pourri , & le germe en fortir dans la plus grande vigueur. Mais j'avois mal vu , puifque le germe eft la partie du grain la plus fufceptible de fe décompofer & de fe détruire, fuivant M. Sage , & que la matiere glutineufe en fait l'effence. Mon Vinaigrier m'avoit toujours recommandé de ne pas ajouter de vinaigre à la moutarde, pour n'en pas détruire le montant : il fe trompoit en-core. Je croyois, avec tous les Chymif-tes, que la plupart des produits qu'on retire des corps, par la diftillation à feu nud, n'y exiftoient pas, & que c'étoient de nouveaux compofés. M. Sage, qui en eft également convenu, page 33 , affure le contraire, pag. 71 , en difant que la fubftance glutineufe eft formée d'alkali volatil & d'huile, parce qu'elle donne vraifemblablement à la cornuë ces deux matieres. Je croyois que la na-ture du principe âcre & volatil des plantes de la famille des cruciferes, pouvoit dépendre du foufre qu'on y avoit rencontré : mais il faut croire que c'eft un fel ammoniac-volatil ; cependant on ne peut ni l'extraire ni le diffoudre, en faifant infufer le raifort dans l'eau.

Convenons que fi M. Sage avoit toujours eu foin de parler d'après les autres, il feroit du moins plus intelligible. On l'entend, par exemple, quand il parle, pag. 14, de la germination & de la végétation du bled. Il rend d'une maniere fort concife & fort claire ce qu'en a dit M. Bequillet, pag. 41 & fuiv. Voyez *Difcours fur la mouture économique*. Il dit à la même page, que *l'amidon & la matiere fucrée font deftinés à fervir d'aliment à la plante & à fes radicules*, parce que, dans l'*Examen des pommes de terre*, j'ai dit, pag. 177 : « A mefure » que la plante végete, la fubftance fi- » breufe devient plus dure & plus abon- » dante : elle eft nourrie & entretenue » par l'amidon, qui diminue & difpa- » roît infenfiblement lorfque la plante » a pris de l'accroiffement. »

Avant de quitter les graminés, je dois faire une obfervation. Le charbon

qu'on

qu'on retrouve dans la cornuë, après la diftillation, eft d'une difficulté extrême à incinérer. Je l'ai tenu des heures entieres dans un creufet, fans en venir à bout, & l'ayant examiné dans cet état, j'ai cru y reconnoître la préfence du fel marin & d'une terre vitrifiable. Les expériences que je fis alors, ont fervi à M. Sage pour annoncer la même chofe. Mais je me rétracte réellement de ce que j'ai avancé dans ce temps. J'ai mis depuis fous la moufle, du riz, de la farine de froment, du fon, & je n'ai rencontré que de l'alkali fixe & une fubftance terreufe, qui, combinée avec celui-ci, offre un corps qui craque fous la dent & qui, vu au microfcope, préfente une matiere vitriforme.

Quant à ce qui eft porté en perte à la fin de chacun des tableaux des produits à la cornuë, M. Sage l'attribue à l'acide, au phlogiftique & à l'eau, qui concourent à former l'air, qui fe dégage durant la diftillation. M. de Fourcy a publié une Differtation, dans laquelle ce Chymifte diftingué prouve que l'air n'eft pas un élément, & quelles font les parties qui entrent dans

M

ſa compoſition, &c. Voyez *Journal de Phyſique*, Septembre 1773.

Le Maïs, appellé improprement bled de Turquie, que l'Europe ignoroit avant la découverte du nouveau monde, peut être regardé, avec les pommes de terre, (ſi on réfléchit ſérieuſement ſur les avantages précieux & ſans nombre que nous pouvons en retirer,) comme une eſpece de dédommagement du préſent fatal apporté preſque en même temps de cet hémiſphere. En attendant que Mr. Sage nous diſe comment on prépare, dans le Limouſin, ſon pain de châtaignes, je vais donner ici le procédé dont on ſe ſert en Béarn, pour faire celui de maïs. Ce procédé m'a été communiqué par M. Bayen, qui le tenoit de M. *Diſſe*, Médecin en Béarn, & Membre de la députation des Etats, actuellement à Paris.

Le bled de Turquie ayant paſſé au moulin, ſe tamiſe à la maniere ordinaire, pour en ſéparer le ſon. Quand on en veut faire du pain, on commence par faire bouillir une quantité d'eau proportionnée à la farine qu'on a intention

d'employer. Dès qu'elle a acquis le dégré d'ébullition, on met toute la farine
de maïs qu'on deftine à la cuîte, dans
le pétrin : on la divife en deux portions,
c'eft-à-dire, qu'on pratique au milieu
une rigole, dans laquelle on verfe une
fuffifante quantité d'eau bouillante; &
comme la chaleur de celle-ci ne permet
pas de faire la manœuvre avec la main,
on fe fert d'une fpatule de bois, forte
de petite pelle, avec laquelle on délaye la farine, la remuant fort & long-
temps, pour en faire une pâte dure : on
l'agite jufqu'à ce que le dégré de chaleur
permette de pétrir avec les mains; alors
on fait un trou dans la maffe, & on y
met le levain, ayant foin de le bien
mêler avec la pâte, que l'on pétrit de
nouveau : après quoi, on laiffe la maffe
en repos, on la couvre, & on la laiffe
fermenter. Pendant ce temps, on a foin
de chauffer le four. Dès qu'on s'apperçoit
que la pâte eft affez levée, on la délaye
de nouveau avec de l'eau froide, en
quantité fuffifante pour lui donner la
confiftance d'une pâte molle : après
quoi, on en remplit des terrines gar-
nies de feuilles de châtaignier ou de

choux, qu'on a fait fanner, en les ap-
prochant du feu.

Les terrines étant remplies à un pouce
près, on les met au four. La pâte s'éleve
en cuisant, & déborde quelquefois d'un
pouce ; ce qui forme une croûte très-
friande. On laiffe cuire autant qu'il eft
néceffaire. En retirant les terrines du
four, on les renverfe fur une table ; le
pain fe détache, on en fépare les feuilles , & le pain de maïs eft fait. Ce pain
fait la nourriture la plus commune des
Habitans de la campagne ; les perfonnes
à leur aife en mangent auffi avec plaifir,
& en font mettre dans la foupe, où il
mitonne fort bien ; il fe conferve en
hiver une quinzaine de jours ; en été,
il fe deffeche plus vîte : il eft d'ailleurs
fujet à moifir, comme tout autre pain
trop long-temps gardé. La fermentation
de cette farine fe fait au moins auffi vîte
que celle de la farine de froment : tout
levain eft indifférent ; ou de froment,
ou de maïs lui-même.

Je terminerai cet article fur les graminés & quelques végétaux farineux,
par une obfervation. En comparant le
temps de *Pline* avec celui où *Chriftophe*

Colomb découvrit l'Amérique , je ne pouvois pas concevoir que ce Naturaliste eût pu deviner , dans le second siecle de l'Ere chrétienne , qu'il croissoit un grand arbre dans ce nouvel hémisphere, que nous nommons *coton fromager*, & qu'il a désigné , suivant le témoignage de M. Sage, sous le nom de *Ceiba viticis folio, caudice spinoso.* Plin. *pag.* 77. J'ai voulu m'assurer , malgré cela , si Pline avoit parlé de cet arbre; je n'ai pas été étonné de n'y pas même trouver le mot *Ceiba.*

OBSERVATIONS GÉNÉRALES

Sur les différens objets étrangers à l'Analyse des Bleds.

JE ne parlerai pas ici de la surprise qu'ont eu tous les Chymistes, en voyant dans un Mémoire intitulé : *Analyse des Bleds*, plusieurs petits extraits d'expériences sur des sujets absolument étrangers à la matiere qui devoit y être traitée. Il y a même eu des gens qui, n'ayant aucune connoissance de Chymie & d'Histoire - Naturelle, se sont imaginés, d'après le titre que l'Auteur a donné à son Mémoire, qu'il y avoit des hommes, autres que ceux qu'on montre à la Foire, dont l'estomac étoit assez vigoureux pour digérer des métaux spathiques, & que le mercure précipité *per se* faisoit vraisemblablement la nourriture de quelques Peuples de la terre.

Il semble que toutes les découvertes doivent un droit à M. Sage : il les emploie à son gré, suivant ses vues. M. le Duc de Chaulnes, qui cultive avec tant de fuccès les différentes branches de la Phyfique, & qui, dans fes recherches, fe fait un devoir & un plaifir de rendre juftice aux travaux de ceux qui l'ont précédé, n'a pas trouvé plus de grace auprès de notre Auteur. Celui-ci s'eft empreffé d'annoncer les expériences de M. le Duc de Chaulnes fur le principe qui fe dégage dans la fermentation de la bierre : il en a fait un chapitre particulier, & cela, pour rappeller fon acide marin; comme fi cet objet avoit quelque analogie avec le fon ou le pain.

M. Sage attribue à ce principe volatil, appellé air fixe, qu'on retire du mercure précipité *per fè*, les mêmes propriétés qu'à celui fourni par la bierre en diftillation, par le charbon, l'électricité, les métaux fpathiques, &c.'&c. Mr. Lavoyfier le regarde, au contraire, auffi pur que celui de l'atmofphere. C'eft au Public à juger lequel des deux mérite le plus notre confiance. Nous nous contenterons d'obferver que Mr. Lavoyfier a fait fes preuves à ce fujet de la maniere la plus flatteufe & la plus conforme à l'eftime générale dont il jouit à fi jufte titre.

M iv

Mais pourquoi fans ceffe revenir fur cet acide marin, prétendu contenu dans les métaux fpathiques? Tous les Chymiftes de l'Académie n'ont-ils pas prononcé? M. Sage ayant avancé, dans fes *Elémens de minéralogie docimaftique,* pag. 236, que la mine de plomb blanche contenoit près de vingt livres d'acide marin par quintal, M. Laborie, fon Confrere & le mien, examina la même mine avec le plus grand fcrupule. Nonfeulement il répéta les expériences indiquées par M. Sage, mais il en tenta encore de nouvelles, & il ne rencontra pas un atôme d'acide marin. Ses recherches furent l'objet d'un Mémoire qu'il lut à l'Académie; & d'après le rapport des Commiffaires, cette Compagnie fçavante, voyant la différence énorme qu'il y avoit entre les produits du travail de M. Sage & de celui de M. Laborie, jugea la chofe affez importante, pour charger toute la claffe de Chymie de répéter les expériences, afin de connoître la vérité. Le réfultat fut conforme à ce qu'avoit dit M. Laborie, c'eft-à-dire, qu'il n'y avoit pas un atôme d'acide marin dans la mine où M. Sage difoit en avoir trouvé près de vingt livres par quintal. Le rapport de l'Académie à ce sujet est inféré dans le Journal de Physique de Mai 1774 ; & le Mémoire de M. Laborie se trouve aussi dans le même ouvrage.

Aujourd'hui M. Sage, plutôt d'avouer qu'il s'est trompé, soutient que cet acide est volatil ; qu'il faut employer des intermedes pour le coërcer ; qu'on le retire de tous les corps : enfin il cherche à se justifier, à la faveur de la doctrine du sçavant & modeste *Meyer*. Mais ne suivons pas M. Sage dans les choses qui ne concernent pas notre nourriture : abandonnons-le à ses propres affertions.

Sera-t-il bien permis de demander à M. Sage où font les expériences d'après lesquelles il a jugé que l'alkali volatil devoit être regardé comme l'antidote du *Fungus phalloïdes annulatus, fordidè virefcens & patulus* : Vaillant, Botan. *Parif.* *pag.*74, *n°*.3, ainsi qu'il l'avance, pag. 100 ? Ce champignon a été l'objet d'un Mémoire ; & M. Sage se rappellera que quand M. Paulet vint le lire à l'Académie, plusieurs de ses Confreres invitèrent l'Auteur à essayer l'alkali fixe &

l'alkali volatil. Mais l'événement n'a pas répondu à l'attente ; & les animaux que nous avons foumis en dernier lieu à cette expérience, font péris beaucoup plutôt. Ainfi , loin que l'alkali fixe & l'alkali volatil foient l'antidote de ce champignon, ils font, de toutes les fubftances tentées jufqu'à préfent, celles qui accélerent de la maniere la plus prompte la mort des animaux. Sur quel fondement a-t-il donc pu prononcer, jufqu'à déterminer la dofe d'un prétendu fpécifique, qui augmente l'intenfité du poifon ? pourquoi, plutôt de publier une erreur auffi dangereufe , ne pas s'informer auprès de M. Paulet , pour fçavoir ce qui en étoit ? Mais il falloit encore anticiper fur le travail de ce Médecin.

L'alkali volatil , indiqué par tant d'Auteurs modernes contre la rage, n'eft nullement le fpécifique de cette cruelle maladie. On en a fait l'expérience derniérement à l'Hôtel Royal des Invalides, fur deux hommes mordus par un chien enragé , l'un au vifage , & l'autre à la poitrine. Le premier, qui a été mordu à une partie nue, eft mort de la rage, comme cela arrive toujours ; & l'autre,

qui avoit été mordu à travers fes vête-
mens, c'eft-à-dire, celui qui n'étoit
pas enragé a guéri. J'ai pour garant du
fait que je rapporte, M. Sabatier, de
l'Académie Royale des Sciences, &
Chirurgien-Major de cet Hôtel.

M. Sage dit encore, pag. 100, qu'il
a employé plufieurs fois avec fuccès l'alkali volatil dans les attaques d'apople-
xie. J'avoue qu'ayant confulté à ce fujet
les véritables Praticiens, ils m'ont tous
affuré que jamais l'alkali volatil n'avoit
guéri un apoplectique. Pour ce qui eft
des effets admirables de l'alkali volatil
dans les cas de brûlure, nous ne difpu-
terons pas cette découverte à M. Sage;
& un pareil remede, qui cautérife, eft
bien fait pour orner la lifte nombreufe
des remedes que l'on vante pour la brûlure. Ainfi l'alkali volatil fera donc défor-
mais un bon remede pour la brûlure;
& on dira, fuivant la théorie de l'Auteur, que ce miracle eft dû à la combinaifon de l'acide du feu avec l'alkali volatil. Il eft vrai qu'on fera un peu em-
barraffé, pour rendre raifon du phénomene par lequel on eft guéri également
de la brûlure, par le moyen de l'efprit-

de-vin, de la glace, de l'eau froide, de
l'encre, de l'amidon fous la forme d'em-
pois, &c. &c. Comme on applique auffi
l'alkali volatil avec fuccès fur les enge-
lures : alors dans ce cas, ce fera donc
l'acide du froid, qui, ayant paffé dans
le corps animal, fe combine avec l'alkali
volatil. Pourquoi fe perdre en vains rai-
fonnemens, pour expliquer les effets
des remedes dont nous ignorerons long-
temps la maniere d'agir ?

A entendre M. Sage, on croiroit que
c'eft lui qui a dirigé le traitement des
enfans de la Pitié, empoifonnés avec
les bayes de la belladonne. Voici la
vérité : du moment qu'on eut connoiffance de cet accident, M. le Brun, Chi-
rurgien en chef de l'Hôpital général,
malgré fes lumieres, crut que dans une
circonftance femblable, il étoit prudent
de prendre l'avis de quelques Médecins,
& fur-tout de Médecins botaniftes : il
confulta entr'autres MM. de Juffieu &
Paulet, qui s'accorderent à ordonner,
après avoir rempli les principales in-
dications, le vinaigre, comme l'antidote le plus affuré dans ce cas. M. Sage
ne fut donc que fpectateur de cette

cure, elle appartient entierement à M.
le Brun, qui auroit bien dû être cité.

Qu'on ne croie pas que MM. de Juffieu & Paulet aient indiqué le vinaigre
comme un antidote nouveau; ils font
trop inftruits pour ne pas fçavoir qu'il
eft recommandé par tous les auteurs anciens & modernes. On trouve dans le
volume des Mémoires de l'Académie,
pour 1756, une obfervation de M.
d'Hermont, fur les mauvais effets des
fruits de la belladone. Ce Médecin s'eft
fervi avec efficacité d'une boiffon acidule & purgative.

M. Sage indique encore le vinaigre
comme un remede nouveau contre les
effets du garou, pag. 122. Quoique M.
Paulet, dans le fecond vol. des maladies
épizootiques, 2e. partie, pag. 325, l'indique également, & que dans la *Chymie
hydraulique de M. le Comte de Lagaraye*,
pag. 452, après avoir parlé de l'action du
vinaigre fur le garou, j'ajoute : «j'ai déja
» dit combien les acides affoibliffent
» les vertus des plantes purgatives ou
» venéneufes : on fçait que les accidens
» funeftes, caufés par le ftramonium,
» font combattus par les acides végé-

» taux, que le ſuc de citron eſt une des
» ſubſtances les plus propres à modé-
» rer l'activité de l'opium, & à remé-
» dier aux effets dangereux de l'abus
» qu'on en fait, que l'oximel ſcylliti-
» que & colchique opere différemment
» que ces racines bulbeuſes, priſes en
» ſubſtance ou en décoction. » Dans
mon Mémoire ſur l'amélioration du
pain, en parlant de quelques précautions, qu'on pourroit employer, pour
empêcher les maladies de ſe propager
dans les camps, j'ai encore fait l'éloge
du vinaigre, en parlant des cas dans leſquels on devroit en uſer.

Quoique le vinaigre ſoit reconnu,
depuis des ſiecles pour l'antidote de la
plupart des végétaux vénéneux, & que
l'alkali volatil remédie promptement
aux effets de la morſure de la vipere; on
ne ſçauroit ſans doute trop ſouvent le
rappeller & mettre ſous les yeux du public tout ce qui peut ſervir à conſerver
la vie & la ſanté des citoyens; mais on
ne doit pas les annoncer comme découvertes. Pourquoi être ingrat envers ceux
qui nous ont éclairé les premiers?

CONCLUSION.

Tout ce qui a été expofé dans cet ouvrage prouve affez que j'ai eu principalement en vue deux objets, le premier, de faire connoître les fources où M. Sage avoit puifé pour compofer fon analyfe des bleds, le fecond d'apprécier ce qui paroiffoit lui appartenir. Pour remplir l'un de ces deux objets, il n'y avoit que des faits à employer, & je fuis certain que ceux que j'ai rapporté font de nature à n'être pas conteftés.

Si je m'étois attaché à traiter l'autre avec autant d'étendue, il auroit fallu entrer dans des détails, & fe livrer à des réflexions qui m'auroient entraîné néceffairement au-delà des bornes que je m'étois prefcrites, & qui, en montrant de plus en plus la vérité, auroit plutôt été une critique que l'examen pur & fimple de l'ouvrage. D'ailleurs, démontrer que M. Sage ne devoit pas être cité dans le rapport que j'avois rédigé; prouver que j'avois connu bien avant

lui la caufe de l'altération du bled, &
les moyens phyfiques de s'en affurer;
faire voir que je n'avois jamais varié
dans mes idées ni dans mes expériences;
& que l'ouvrage dans lequel je les
avois développées, en étoit un témoignage authentique; enfin, donner la
preuve la plus formelle & la plus pofitive, que loin de m'être rétracté dans
le Supplément qui fert de fuite à mon
Mémoire, j'avois encore ajouté de
nouveaux faits & d'autres éclairciffemens, afin de fortifier davantage les
principes que j'y avois établis : voilà ce
qui devoit m'occuper fpécialement, &
ce que je crois avoir fait.

Si je m'étois trompé, je me ferois
fait un devoir de me rétracter; attacher une honte à cette action honnê-
te, n'eft-ce pas marquer plus d'entête-
ment que de droiture, & plus d'aveu-
glement que de fçavoir. Quant à moi,
n'ayant aucune hypothefe à défendre ou
à établir, n'ayant attaché aucune prétention de gloire ou d'intérêt à mes recherches & à mes expériences, j'ai cru qu'elles pouvoient être utiles; je les ai commu-
niquées

niquées, fans fracas , j'ai dit & je dirai toujours que s'il eſt jamais important d'écarter les ſyſtêmes ; c'eſt particulierement dans ce qui intéreſſe directement l'humanité.

Quel ſeroit donc le ſort de la Chymie, ſi ceux qui la cultivent ſe livroient à toutes ſortes d'idées vagues & ſtériles? Elle retomberoit bientôt dans le chaos ténébreux & alchymique d'où on ne l'a fait ſortir qu'avec une peine infinie & des travaux ſans nombre ; car ſi les aſſertions & la méthode de M. Sage étoient adoptées, cette ſcience précieuſe ceſſeroit d'être intelligible, & de ſervir de flambeau , pour éclairer les arts & les perfectionner. Quels ſens, en effet, attacher à de pareilles propoſitions : *de l'eau ſûre qui n'eſt pas acide, de l'eſprit ardent qui n'eſt pas inflammable, de la matiere glutineuſe qui n'eſt pas glutineuſe?* Avec un pareil jargon, peut-on ſe flatter d'être compris?

Je le répéte, c'eſt à regret que je me ſuis déterminé à répondre à l'analyſe des bleds de M. Sage : l'intérêt de ma réputation , les bontés dont m'honorent les hommes en place, ſous

N

les yeux defquels fe paffent ces difcuffions, tout m'impofoit la loi de ne
pas garder le filence, & de repouffer
les traits lancés contre moi.

F I N.

Fautes effentielles à corriger.

PAG. 12 , *lig.* 18 , prévient , *lifez* provient.			
65 ,	17 , macarons ,	macaronis.	
112 ,	5 , aucunes ,	aucuns.	
115 ,	8 , à la ,	par la.	
121 ,	9 , fon ,	pain.	
127 ,	4 , prouverons ,	prévenons.	
132 ,	6 , 8 ,	11.	
142 ,	11 , j'aurois ,	j'avois.	
183 ,	18 , diftillation ,	fermentation.	
204 ,	4 , (8)	(28)	
146 ,	18 , s'altere ,	s'atténue.	
148 ,	13 , opérer ,	oppofer.	
159 ,	6 , de fermentation ,	de fe putréfier.	
160 ,	21 , (57)	(47)	
163 ,	7 , & le ,	ou le.	
168 ,	23 , dépofer ,	repofer.	

Au Comité de Librairie de l'Académie Royale des Sciences, extraordinairement assemblé le 20 Mars 1776.

MESSIEURS CADET & DESMAREST ont lu les Certificats suivans.

JE certifie que les différentes citations des pages 45, 46, 47, 71 & 72, insérées dans l'ouvrage que fait imprimer M. PARMENTIER, sous le titre d'*Expériences & Réflexions relatives à l'Analyse du Bled & des Farines*, sont conformes à celles qui sont insérées dans les deux Mémoires manuscrits du même Auteur, sur le bled & les farines gâtées, que l'Académie nous a chargé d'examiner. Fait au Louvre le 20 Mars 1776. *Signé* CADET.

ET moi, Commissaire pour l'Examen du Mémoire de M. PARMENTIER, sur l'amélioration du pain, & du Supplément qu'il y a joint, certifie avoir comparé avec les originaux qu'il cite dans l'ouvrage intitulé, *Expériences & Réflexions relatives à l'Analyse du Bled & des Farines*, & les avoir trouvées conformes à ses originaux. Les passages vérifiés se trouvent pages 8, 102, 103, 104, 110, 111, 113, 120, 122, 123, 126, 128, 129, 130, 132, 137, 139, 140, 147, 148 & 149 de l'ouvrage imprimé. A Paris, le 20 Mars 1776. *Signé* DESMAREST.

Je certifie les copies des Certificats ci-dessus conformes à leurs originaux, étant aux Registres de l'Académie. A Paris, le 20 Mars 1776.

GRANDJEAN DE FOUCHY,
Secrétaire perp. de l'Ac. Royale des Sciences.

TABLE

De ce qui eſt contenu dans cet Ouvrage.

Fin de la Table.

www.ingramcontent.com/pod-product-compliance
Ingram Content Group UK Ltd.
Pitfield, Milton Keynes, MK11 3LW, UK
UKHW021826190726
13853UKWH00003B/1224